湖北省“课堂和野外实践教学与素质教育的理论与实践”教学研究项目(2010104)
国家基础科学和人才培养基金项目“中国地质大学(武汉)地质学基地”(J1030518) **联合资助**
地史古生物学国家教学团队项目(08td198)

北戴河地质认识实践
教学指导书

主　编：王家生

副主编：喻建新　江海水　马相如

中国地质大学出版社有限责任公司
ZHONGGUO DIZHI DAXUE CHUBANSHE YOUXIAN ZEREN GONGSI

图书在版编目(CIP)数据

北戴河地质认识实践教学指导书/王家生主编,喻建新、江海水、马相如副主编.—武汉:中国地质大学出版社有限责任公司,2011.5(2014.3 重印)

ISBN 978-7-5625-2666-7

Ⅰ.①北…

Ⅱ.①王…②喻…③江…④马…

Ⅲ.①区域地质-北戴河-高等学校-教学参考资料

Ⅳ.①P562.223

中国版本图书馆 CIP 数据核字(2011)第 090869 号

北戴河地质认识实践教学指导书

王家生 **主　编**

喻建新　江海水　马相如 **副主编**

责任编辑:段连秀　　责任校对:戴　莹

出版发行:中国地质大学出版社有限责任公司(武汉市洪山区鲁磨路 388 号)　邮政编码:430074

电　话:(027)67883511　传真:67883580　E-mail:cbb @ cug.edu.cn

经　销:全国新华书店　http://www.cugp.cug.edu.cn

开本:787 毫米×1092 毫米 1/16　字数:230 千字　印张:8.5　插页:3

版次:2011 年 5 月第 1 版　印次:2014 年 3 月第 2 次印刷

印刷:武汉中远印务有限公司　印数:3 001—5 000 册

ISBN 978-7-5625-2666-7　**定价:38.00 元**

如有印装质量问题请与印刷厂联系调换

序

搞好教学实习，培养扎实的野外工作能力，是我校地质类专业教学的传统与特色。秦皇岛地质认识实习基地是我校主要野外实习基地之一，早在1953年王鸿祯、刘本培等我校老一辈地质学家已在实习区北部石门寨一带开展野外地质实习和调研，积累了宝贵的经验。实习基地选址是经过多方研究才决定的。1982年开始在南戴河丁庄实习，1984年学校正式决定在秦皇岛海港区与北戴河海滨区之间的山东堡村建立实习基地。刚开始是搭建活动平房，条件十分艰苦。1994年底，学校投资建设了综合教学楼，随后又投资建设了锅炉房、食堂等，大大改善了实习基地的生活学习条件，但严格来说还远远不能满足实习的需要。1995年，开始与燕山大学开展联合办学，按照“艰苦奋斗、自筹资金、改善条件”的指导思想，把筹集到的500万元全都用于基地建设，使实习站的面貌发生了翻天覆地的变化。建筑面积近15 000m^2，目前拥有教学用房接近5 000m^2，其中阶梯式多媒体教室2间、教室8间、学生用电脑教室2间(80座)、语言教学实验室1间(60座)和1间地质教学陈列室。从此结束了野外实习基地无教室的历史。实习站内树木茂盛，空气清新，绿地面积已超过2 000m^2。昔日荒沙滩上修建的“实习站”已由原来单一的野外地质认识实习基地，深化改革为集地质、地理、地球物理、旅游地质、水文和生物等多学科(专业)的学生实习与成人教学、旅游接待和办公等一体的多功能综合基地。仅每年暑期就接待上千名京、汉两地的地质大学学生开展野外地质认识实习任务，培养了数以万计的地学人才。

随着“秦皇岛国家地质公园”的建立，依托秦皇岛地区丰富多彩的地层、岩石、构造、矿产地质和独具特色的海洋地质资源、悠久的人文历史景观，新版《北戴河地质认识实习指导书》正式出版。它是在学习总结前人工作成果和编著者多年野外实践基础上，根据地球系统科学的新思维和未来地球科学人才培养目标，以一年级学生野外地质认识实习为对象，精心设计编著而成。它是我校“211工程”中“野外实习基地教学改革与建设”研究项目成果之一，必将对实习基地的教学实践发挥重要作用。

20年来，秦皇岛实习基地取得了巨大成绩。借此机会，向所有参加基地建设的领导、老师、职工们表示衷心的感谢！并衷心的祝福，继续保持和发扬我校野外实践教学的好传统和好作风，使实践教学越搞越好，为能培养出更多的品学兼优、勇于吃苦、乐于奉献的创新人才而作出新贡献。

赵鹏大

2004.6.30

前　　言

《北戴河地质认识实践教学指导书》是针对大学低年级学生野外地质认识实践教学使用的参考书。该教材是在2004年出版的《北戴河地质认识实习指导书》的基础上修编而成，原书的出版曾得到了中国地质大学（武汉）校领导和相关职能部门的关怀和支持，汇集了原地质系“普地教研室”、地学院“地质学教研室”、“地古教研室”和“构造教研室”老师们的多年心血和教学积累。本次修编的指导书继承了原书的基本内容、编排框架和所遵循的“快乐”地质实践教学宗旨，增加了环境地质、生物地质和海岸沙丘等教学内容，以适应不同专业的野外地质认识实践教学路线选择。

新修编的《北戴河地质认识实践教学指导书》由王家生负责设计和统编。其中第一章、第二章的第二、三、四、五节、第三章的第一、二、三、四、六、八节是在原《北戴河地质认识实习指导书》的基础上，由王家生负责修编而成，第三章的第一节生物描述部分由马相如协助修编。第二章的第一节、第三章的第五节和第七节是在原书的基础上，由喻建新负责修编而成。第三章的第九节由马相如编写，李立青协助撰写。第四章、附图、图例和参考文献等是在原书的基础上由江海水负责修编而成。

本书的出版得到了中国地质大学（武汉）副校长赖旭龙教授、原副校长欧阳建平教授、教务处处长杨伦教授、地学院副院长杨坤光教授和国家级教学团队首席龚一鸣教授的关怀和支持。地学院地球生物系的领导、同事和北戴河实习队老师们给予了多年鼎力相助。出版社段连秀同志为此付出了不懈努力。研究生王舟绘制了部分插图。在此一并表示衷心的感谢！

编　者

2011年4月30日

目　录

第一章 绪 论

第一节 实践教学基地沿革

中国地质大学秦皇岛实践教学基地，也称“北戴河实习站”，位于河北省秦皇岛市北戴河海滨区和秦皇岛海港区之间的山东堡村，距离北戴河海滨风景游览区约 7km，距离山海关和老龙头景区约 25km，临近山东堡海滩约 400m（图 1-1）。

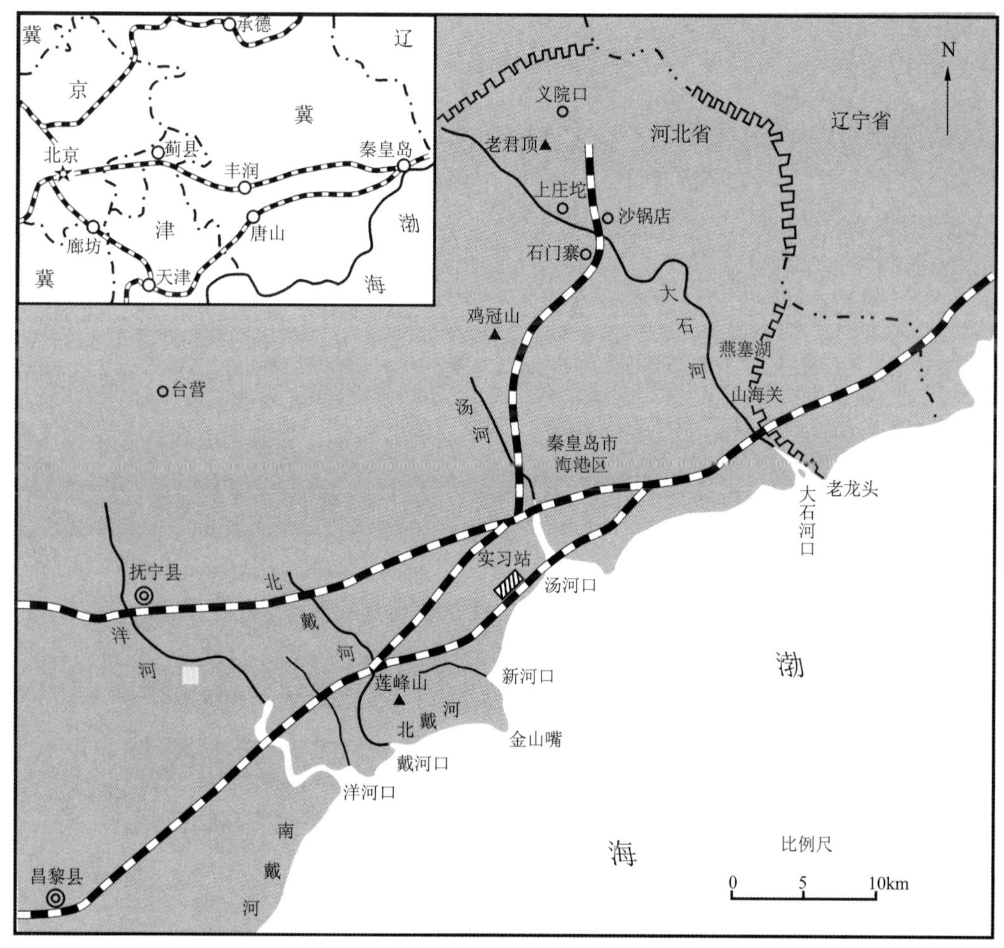

图 1-1 北戴河实习站的地理位置图（据王少军 2003 年修编）

早在 1953 年，中国地质大学的前身，原“北京地质学院”，就在秦皇岛地区开展了野外教学活动。1979 年成为原武汉地质学院的固定野外实习点，并于 1984 年在山东堡村的一个荒沙荆上建立了相对稳定的实习站。初期的实习站建有 3 排平房和大量活动板房，路面沙土铺设，用水依靠缸装瓢取，生活条件十分艰苦(图 1-2)。多年来，原武汉地质学院地质系“普地教研室”的老师们克服了重重困难，发扬了地质勘探队员艰苦奋斗的优良传统，高质量地完成了大量实践教学任务，培养了大批地质勘探后备队员。

图 1-2　建站初期的北戴河实习站景色(据 1985 年实习学生素描)

在原地质矿产部、原武汉地质学院、中国地质大学(含武汉、北京两地)历届领导的关心及支持下，原分别隶属于武汉和北京的实习站内东、西二侧区域逐渐合并，1994 年底投资建设了综合教学楼(图 1-3)，1995 年暑期投入使用后大大缓解了实习站师生的住房困难。随后又招资建设了食堂、锅炉房等生活基本建设。1995 年开始分别与燕山大学、渤海石油职业学院等开展联合办学和共建，2001 年自筹资金建设了学生宿舍楼(2 000m^2)和教学楼(3 400m^2)，招资扩建了食堂、浴室、篮球场和田径场等基础设施。随着近年来实习站周边区域的海滨高架桥、燕山大学、铁三处医院、铁路电气化工程局、景旭酒店和房地产事业的投资、建设和开发，周边环境和交通状况日益改善。

图 1-3　实习站综合楼(1995 年投入使用，王家生摄于 2004 年)

目前的“北戴河实习站”拥有固定资产1 000多万元(据刘爱民口头介绍,2004),建筑面积近15 000m²。其中教学用房接近5 000m²,阶梯式多媒体教室2间,教室8间,电脑教室2间(80座),语音教学实验室1间(60座),地质教学陈列室1间,绿地面积已达2 000m²。实习站内后勤服务设施配套齐全,有近千套行李和铺位。每年暑期接待中国地质大学(京、汉)两地的千余名学生,专业包括地质、生物、地球物理和旅游地质等。同时,接待同济大学、武汉大学和中国农业大学等院校的地学类师生实习。现今的“北戴河实习站”已由原来相对单一的野外地质认识实习教学基地功能,逐渐演变成为涵盖地质、地理、地球物理、水文、旅游、人文和生物等多学科(专业)的多功能野外实践教学基地,并兼顾成人教学、旅游接待和办公等综合基地,“北戴河实习站”的名称也逐渐变为“秦皇岛实践教学基地”。2007年被教育部挂牌为“国家基础科学研究与教学人才培养基地北戴河地质实习站”。

第二节 实习区人文和自然地理概况

“大雨落幽燕,白浪滔天,秦皇岛外打鱼船,一片汪洋都不见,知向谁边?往事越千年,魏武挥鞭,东临碣石有遗篇。萧瑟秋风今又是,换了人间。”这首著名的《浪淘沙·北戴河》词篇是开国领袖毛泽东主席于1954年登踏“鹰角亭”乘兴所吟,反映了实习区内波涛汹涌、海天相连、天地合一的独特美景。

秦皇岛市地处河北省东北部,南临渤海,北倚燕山,东邻辽宁省,西近北京、天津和承德市,是联系东北、华北两个经济区的枢纽。相传于公元215年秦始皇东巡至碣石山,派燕人卢生入海求长生不老药,曾驻此地,因而得名“秦皇岛”。据考古发现,在秦皇岛市的抚宁县山羊寨和昌黎县杏树园一带有20万年前的古人类活动遗迹,山海关东门外郊区有约4 000年前的黑陶碎片和较完整的陶器文化遗迹。商、周时期的秦皇岛与黄河流域的华夏民族之间有频繁的物质和文化交流,是海陆交通要道。春秋战国时期秦皇岛隶属燕,后经几个朝代多次更主。中华民国时期属河北省和热河省。目前的秦皇岛市管辖海港区、北戴河海滨区和山海关三个城区,以及抚宁县、昌黎县、卢龙县和青龙满族自治县四个郊县区,总面积7 812.4km²,总人口约268万人,汉族为主(85.52 %),少数民族有37个。

秦皇岛市地貌类型多样,山地、丘陵、平原、海岸带从北向南成梯状分布(图1-4)。山地属燕山山脉东段,分布于抚宁县、卢龙县北部和青龙满族自治县全境,海拔多在200～1 000m之间。海拔1 846m的都山是燕山山脉东段主峰和境内最高峰。北部丘陵山地沟壑纵横,河流众多,建有水库30多座,其中洋河水库和大石河水库较为著名。东南为渤海海岸带,全长约126.4km。

实习区的基础设施设在海港区和北戴河区之间的山东堡村。野外教学实习路线东起山海关,西至南戴河;北起柳江盆地,南至渤海海滨。东西长约35km,南北宽约25km。涉及海港区、北戴河海滨区、山海关区和抚宁县的石门寨镇等地区。实习区的北部为一个近南北延伸的丘陵盆地(柳江盆地),盆地南北长约20km,东西宽约10km,东、北、西三面被陡峻的中低山所包围,南面地势低平。盆地内最高峰“老君顶”位于盆地北部,海拔493m。盆地西北部的海拔多在400m以上,地势较陡。盆地东南部地势较低,一般200～300m,大石河河谷(上庄坨一带)海拔仅70m左右。大石河发源于燕山山脉东段的黑山山脉“花榆岭”,由西北至西南流经柳江盆地,经山海关老龙头南侧入渤海。全长70km,流域面积约560km²,是实习区内主要水山海关区是古代军事要塞，早在新石器时期就有人在此劳动生息。明朝洪武十四年（公元 1381 年），中山王徐达奉命修永平、界岭等关，在此创建山海关，因其倚山连海，故得名“山海关”，被誉为“天下第一关”（图 1－6）。山海关长城汇聚了中国古长城之精华。明万里长城的东段起点老龙头，长城与大海交汇，碧海金沙，天开海岳，气势磅礴。驰名中外的“天下第一关”雄关高耸，素有“京师屏翰、辽左咽喉”之称。角山长城蜿蜒，烽台险峻，风景如画，这里“榆关八景”中的“山寺雨晴，瑞莲捧日”及奇妙的“栖贤佛光”吸引了众多的游客。孟姜女庙演绎着中国四大民间传说之一“姜女寻夫”的动人故事。中国北方最大的天然花岗岩石洞“悬阳洞”，奇窟异石，泉水潺潺，宛如世外桃源。

图 1－6　天下第一关“山海关”雄姿（王家生摄于 2004 年）

南戴河海滨旅游区位于抚宁县城东南 19.5km，与北戴河海滨隔河相望，一桥相连。东起戴河口，西至洋河口，海岸线长 1.5km，总面积为 2.5km^2。南戴河海滨浴场沙软潮平、滩宽和缓、潮汐稳静，最高潮位 1.66m，最低潮位 0.66m，潮差 1m 左右，水温适度，安全舒适。海底沙细柔软，无礁石碎块，无污泥烂草，海水清澈透明，是海浴、沙浴和日光浴的理想佳境。著名书法家张仲愈先生曾挥毫写下“天下第一浴”五个大字。

第三节　实习目的、要求、内容和成绩评定

野外实习是同学们理论联系实际、增长感性认识、培养综合动手能力、锤炼意志和增强体质的良好机会。北戴河地质认识实习是中国地质大学一年级地质类专业的本科生，在学习完成“普通地质学”等地质学专业基础课程后的必修实践教学环节，开启了投身地球科学事业的大门。

实习目的：①在教师指导下，通过对野外典型地质现象的直接观察、认识、描述和分析，获

表 2－2 北戴河实践教学区的岩石地层单位序列及其与邻区的比较

年代地层				岩石地层单位		
界	系	统	阶	山西地层分区	燕辽地层分区(西—东)	实习区
新生界	第四系	中—下更新统				
	新近系	上新统		九龙口组	泥河湾组 石匣组	
		中新统		灵山组 雪花山组	灵山组 汉诺坝组	
	古近系	渐新统			西坡里组 开地坊组	
		始新统				
中生界	白垩系	上统			南天门组	
		下统			青石粒组	
	侏罗系	上统			下店组 义县组 九佛堂组 义县组 大北沟组 张家口组	张家口组
		中统			土城子组 髫髻山组	髫髻山组
		下统			九龙山组 下花园组 南大岭组	下花园组
	三叠系	上统 中统			杏石口组	杏石口组
				二马营组	二马营组	
		下统		和尚沟组 刘家沟组	和尚沟组 刘家沟组	
古生界	二叠系	上统		孙家沟组	孙家沟组	孙家沟组
		中统		石盒子组	石盒子组	石盒子组
		下统		山西组	山西组	山西组
	石炭系	上统		太原组	太原组 本溪组	太原组 本溪组
	奥陶系	中统		马家沟组	马家沟组	马家沟组
		下统		三山子组	亮甲山组 冶里组	亮甲山组 冶里组
	寒武系	上统	凤山阶 长山阶 崮山阶	炒米店组 崮山组	炒米店组 崮山组	炒米店组 崮山组
		中统	张夏阶 徐庄阶 毛庄阶	张夏组 馒头组	张夏组 馒头组	张夏组 徐庄组 毛庄组
		下统	龙王庙阶 沧浪铺阶		昌平组	馒头组 昌平组
新元古界	青白口系				景儿峪组 龙山组 下马岭组	景儿峪组 龙山组

据李声之等，1996；杨坤光等，2000；略修改

sp.；上部的三叶虫有：*Bailiella lantenoiai*，*Proasaphiscus* sp.，*Liaoyangspis* cf. *hassler*，*Psilaspis temenus*，*Inouyia* sp.，*Sunaspis* sp.，*Yujinia magns* 等，并有少量核形石。厚 230～284m。馒头组中下部的时代属早寒武世，而上部的 *Bailiella*，*Sunaspis* 和 *Inouyia* 三叶虫化石表明上部地层时代为中寒武世，因而馒头组是个穿时的岩石地层单位（$\in_1$—$\in_2$）。本组的沉积环境下部属泻湖，中部为潮间带，上部则为浅海。底部以角砾岩和砾岩与下伏府君山组呈平行不整合接触。实习区内，本组出露在东部落、沙河寨等地，厚 30～70m。

3. 毛庄组（$\in_2 m$）

以紫色页岩为主，夹灰色灰岩、泥质灰岩、白云质灰岩以及少量粉砂质页岩，底部以紫色页岩或粉砂岩与馒头组整合接触。本组岩性稳定，化石相当丰富，以三叶虫的褶颊虫最繁盛，但厚度变化较大，为 18～87m。在实习区零星出露。

4. 徐庄组（$\in_2 x$）

主要为暗紫色、灰色、黄绿色页岩，夹灰岩、鲕状灰岩、泥灰岩及粉砂岩，底部以粉砂岩或页岩与毛庄组整合接触。本组以呈现猪肝色及页岩中富含云母片岩为特征，厚 60～108m。古生物化石以三叶虫最丰富。本组在实习区分布广泛。毛庄组和徐庄组属于浅海相与潮间泻湖相。

5. 张夏组（$\in_2 zh$）

下部为灰色中厚层鲕状灰岩夹黄绿色页岩：上部以灰色中厚层鲕状灰岩为主，夹藻灰岩、泥质条带灰岩。含丰富的三叶虫：*Damesella paronai*，*Lisania* sp.，*Solenoparia* sp.，*Peebiellus* sp.，*Aojia* sp.，*Taizuia* sp.，*Poshania* sp.，*Amphoton* sp.，*Sunia* sp.，*Dorypyge richthofeni*，*Dorgpygella* sp.，*Crepicephalina* sp.，*Szeaspis* sp.，*Psilaspis manchurensis*，*Peronopsis* sp. 等。厚 79～98 m。上述化石中 *Damesella*、*Taitzuia*、*Amphoton*、*Crepicephalina* 等属均为中寒武世的带化石，本组时代为中寒武世（$\in_2$）。为浅海相沉积环境。以薄层鲕状灰岩的出现为底界，与下伏馒头组呈整合接触。此组分布广泛，几乎柳江盆地周围都有分布，在揣庄北 288 高地出露较好，可作为本区的典型剖面。

6. 崮山组（$\in_3 g$）

岩性下部为紫色砾屑灰岩与紫色粉砂岩互层；中部为灰色中厚层灰岩（包括泥质条带灰岩、鲕状灰岩、藻灰岩等）；上部岩性与下部相同。化石丰富，产三叶虫：*Drepanura* sp.，*Blackwelderia paronai*，*Stephanocare* sp.，*Damesops* sp.，*Teinistion* sp.，*Cyclorenzella* sp.，*Liostracina* sp.，*Homagnostus* sp.，*Diceratocephalus* sp. 等；并有腕足类和叠层石化石。厚 79～102m。*Drepanura* 和 *Blackwelderia* 两个三叶虫为崮山阶的带化石，因而崮山组的时代属晚寒武世早期（$\in_3^1$）。为浅海相沉积环境。以紫色砾屑灰岩或紫色砾屑灰岩夹页岩出现为底界，与下伏张夏组整合接触。实习区分布广泛，以 288 高地东山剖面为代表，厚 102 m。

7. 炒米店组（$\in_3$ - $O_1 ch$）

下部为紫色薄层砾屑灰岩、粉砂岩与页岩互层，夹薄层藻灰岩和生物碎屑灰岩；上部为黄灰色薄层泥灰岩夹含砾泥灰岩、黄灰色钙质页岩及薄层泥质条带灰岩。下部三叶虫化石有：*Kaolishania* sp.，*Kaolishaniella* sp.，*Shirakiella elongata*，*Lioparia* sp.，*Changshania* sp.，*Peichaishania* sp.，*Chuangia* sp.；上部三叶虫有：*Kainella*，*Richarsonella*，*Echinospaerites*，*Mictosaukia*，*Quadraticephalus*，*Tsinaniacanens*，*Lichengia*，*Ptychaspis*；并有腕

足类和介形虫类化石。上述化石中 *Kaolishania*, *Changshania*, *Chuangia*, *Mictosaukia*, *Quadraticephalua* 和 *Ptychaspis* 均为晚寒武世晚期的重要化石,故本组大部分的时代属晚寒武世晚期;在区域上,上部有一段地层内含早奥陶世三叶虫 *Missisqoia perpetis*。因此,炒米店组为一穿时地层单位,从晚寒武世至早奥陶世($\in_3-O_1$)。属浅海相沉积。唐山赵各庄东域山出露厚 102m,与下伏崮山组呈整合接触。实习区以 288 高地东坡为代表,本组包括前人划分的长山组和凤山组。

8. 冶里组(O_1y)

岩性可分为上、下两部分,下部为灰色中厚层泥晶灰岩,夹少量薄层砾屑及虫孔灰岩;上部为灰色中厚层砾屑灰岩夹黄绿色页岩。化石较丰富,有三叶虫:*Pseudokainella* sp., *Asaphellus acutulus*, *Leiostegium latilimbatum*, *Arstokainella caluicepitis*, *Tienshigfuia* sp.;笔石:*Callograptus* sp., *C. taizehoensis*, *Dengdrograptus* sp.;腹足类:*Ophileta* sp.;腕足类:*Orthis* sp. 等。厚 116.9~125.5m。笔石 *C. taizehoensis* 和三叶虫 *Asaphellus acutulus* 为早奥陶世早期的重要化石,本组的时代应属早奥陶世早期(O_1^1)无疑。本组沉积环境为浅海较深水背景。以灰色厚层泥晶灰岩与下伏炒米店组呈整合接触。本区主要出露于潮水峪至揣庄一带,以 288 高地为代表,厚 125.5 m。

9. 亮甲山组(O_1l)

下部为深灰色中厚层含燧石结核云斑灰岩,夹少量砾屑灰岩和钙质页岩;向上过渡为厚层生物碎屑灰岩与薄层泥灰岩互层,夹砾屑灰岩;上部为灰色厚层含燧石结核条带灰岩、厚层豹皮状灰岩、中厚层云质条带灰岩,夹薄层云质条带灰岩。含头足类:*Manchuroceras* cf. *patyventrum*, *Hopeioceras matiheui*, *Cameroceras* sp.;腹足类:*Ophileta* sp.;海绵:*Archaeoscyphia* sp. 等。厚 104~362m。上述头足类和海绵化石都是早奥陶世中期的重要化石或标准化石,故本组时代属早奥陶世中期(O_1^2)。此组属浅海相沉积。底部以中厚层含燧石结核云斑灰岩与冶里组分界,两者整合接触。亮甲山组在实习区内出露较广,在小王庄、茶庄、潮水峪、石门寨等地均能见到,而且石门寨亮甲山为本组的创名地点,是亮甲山组层型剖面地,厚 118m。

10. 马家沟组(O_2m)

岩性主要为黄灰色、深灰色厚层白云质灰岩,含燧石结核豹皮状白云质灰岩,顶部为泥晶灰岩。化石较丰富,多产在顶部灰岩中,头足类:*Stereoplasmoceras* sp., *Armenoceras submarginale*, *Ormoceras submarginale*, *Polydesmia canaliculata*, *Pseudoskimoceras* cf. *maginale*, *Mesosondoceras* sp., *Chislioceras reed*, *Linchengoceras nagaoi*;三叶虫:*Eoisotelus* sp.;腹足类:*Maclurites neritoides*, *Donaldiella* sp., *Hormotoma* sp., *Ophileta* sp. 等。厚 101~512.1m。头足类中 *Stereoplasmoceras*, *Armenoceras*, *Ormoceras*, *Polydesmia* 和 *Pseudoskimoceras* 是早奥陶世晚期的标准化石,时代当属早奥陶世晚期(O_1^3)。区域上马家沟组上部具有中奥陶世头足类化石 *Fengfengceras*, *Streospyroceras*,因而马家沟组上部地层时代为中奥陶世早期(O_2^1),为浅海相沉积环境。底部以黄灰色具微层理、含砾屑、燧石结核的白云质灰岩与下伏亮甲山组相区分,二者为平行不整合接触。实习区内茶庄北山出露较好,可作为区内的典型剖面,厚 101m。

三、上古生界(Pz_2)

1. 本溪组(C_2b)

岩性可分为两部分：下部为杂色铁铝质泥岩和深灰色中厚层铁质粉砂岩；上部为灰色、紫色、黄绿色中薄层石英细砂岩、粉砂岩及页岩，夹3～5层泥灰岩透镜体。灰岩透镜体中含海相动物化石，粉砂岩及页岩中含植物化石。䗴：*Fusulinella laxa*，*F. colaniae*；珊瑚：*Arachnastraea machunrica*，*Bothrophyllum* sp.；腕足类：*Martinia* sp.，*Schellwienella* sp.；双壳类：*Astarlella* sp.，*Paleoneilo* sp.，*Aviculopecten* sp.，*Sanguinolites* sp.，*Edmondia* sp.，苔藓虫：*Fenestella* sp.；植物：*Calamites cistu*，*C. suckowii*，*Mesocalamites cistiformis*，*Lepidodendron* sp.，*Palaeostachya* sp.，*P. rhabda*，*Cordaites principantea*，*Neuropteris* sp.，*N. pseudogigantea*，*N. gigantean*，*Pecopteris* sp.，*Tingia partite*，*Sphenophyllum* sp.，*Annularia* sp.，*Sublepidodendron* sp.等。厚18～51 m。上述化石中，䗴类*Fusulinella*是晚石炭世早期带化石，珊瑚*Arachnastraea machunrica*仅限于晚石炭世，植物*Neuropteris gigantean*和*N. pseudogigantea*分布于晚石炭世，因而本溪组时代归属于晚石炭世早期(C_2^1)，为一套海陆交互相沉积。平行不整合于奥陶纪马家沟组灰岩之上。该组在实习区主要分布在柳江盆地内，厚51m。

2. 太原组(C_2-P_1t)

以灰黑色中厚层粉砂岩为主，含铁质结核，夹少量煤线和灰岩透镜体，由两个韵律构成：底部为青灰色含铁质的中细粒长石岩屑砂岩，顶部为灰色中层粉砂岩、页岩与黄灰色细粒杂砂岩互层。化石有植物：*Neuropteris ovata*，*N. plicata*，*N. kaipingiensis*，*Neuropteridum coreanicum*，*Sphenophyllum* sp.，*S. oblongifolium*，*Lepidodendron posthumii*，*L. oculus-felis*，*Pecopteris candolleana*，*P. taiyuanensis*，*P. polymorpha*，*Cordaites principalis*，*Alethopteris huiana*，*Annularia pseudoshellata*等；腕足类：*Dictyoclostus* sp.，*Chonetes* sp.；双壳类：*Paleoneilo* sp.，*Septimyalia* sp.等。厚45～51m。上述*Lepidodendron posthumii*，*L. oculus-felis*，*Pecopteris candolleana*，*Neuropteris ovata*，*Annularia pseudoshellata*等植物化石及腕足类*Dictyoclostus*均是晚石炭世常见化石，太原组时代大部分应归晚石炭世；石炭系—二叠系界线层型已确定，现界线比原界线低，故太原组顶部时代为早二叠世，它亦是穿时地层单位(C_2-P_1)。本组为海陆交互相沉积。底部以青灰色含铁质中细粒长石岩屑砂岩与下伏本溪组区分开，两者呈整合接触。实习区内主要发育于柳江盆地的半壁店东191高地及小王山东坡一带，小王山剖面出露较好，可作为本区的典型剖面，厚51m。石门寨西门剖面厚48m。

3. 山西组($P_{1-2}s$)

主要岩性为灰色、灰黑色中薄层中细粒长石岩屑杂砂岩、粉砂岩、碳质泥岩及黏土岩，由两个韵律组成；第一韵律含煤层；第二韵律顶部含铝土矿。底部岩性为灰色中薄层含铁质中粒长石岩屑砂岩或灰色、灰白色含砾粗粒长石岩屑砂岩；顶部为灰色薄层铝土质粉砂岩。含丰富的植物化石：*Calamites* sp.，*Annularia gracilesens*，*Neuropteridum* sp.，*Taeniopteris nystroemii*，*Stigmaria* sp.，*Mesocalamites cistiformis*，*Cordaites principalis*，*C. schenkii*，*Pecopterisanderssonii*等。厚70～235m。植物化石*Annularia gracilesens*，*Taeniopteris nystroemii*，*Cordaites principalis*，*C. schenkii*等主要分布于晚石炭世至早二叠世。根据植

物化石组合，山西组的时代应属中二叠世早期(P_2^1)。此组为近海沼泽沉积。以灰、灰白色中细—粗粒长石岩屑砂岩或与下伏太原组为界，二者为整合接触。在实习区本组地层分布于东部黑山窑至曹山一带，老柳江、夏家峪、石门寨西门一带发育较好，石门寨西门剖面可作为区内的典型剖面，厚 61.8 m。本组为区内重要的含煤层位。

4. 石盒子组($P_{2-3}sh$)

下部岩性由灰色、黄褐色中厚层中粗粒长石岩屑杂砂岩与灰绿色含云母泥质粉砂岩三个韵律组成，在第二、第三韵律的顶部有紫色、紫灰色黏土岩或黏土质粉砂岩；上部为灰白色中厚层含砾粗粒长石净砂岩，夹极少量紫色细粒砂岩及粉砂岩。在下部第一个韵律顶部的灰绿色含云母泥质粉砂岩中含植物化石，主要属种有 *Taeniopteris multi-nervis*，*T. shansiensis*，*Cordaites principalis*，*C. borassifolia*，*Mesocalamites* sp.，*Palaeostachya* sp. 等。厚 187m。植物化石中 *Taeniopteris shansiensis* 仅分布在中二叠世晚期，*Taeniopteris multi-nervis* 分布于整个中二叠世。根据下部植物化石组合面貌，本组下部时代为中二叠世晚期(P_2^3)，上部属晚二叠世早期(P_3^1)。该组下部属湖泊相沉积，上部为河流相沉积。底部以中厚层中粗粒长石岩屑杂砂岩与山西组分界，与山西组为整合接触。本组的范围相当于前人所划分的下石盒子组和上石盒子组。在实习区内本组主要发育于柳江盆地黑山窑、石岭和欢喜岭一带，石门寨西门及欢喜岭剖面可分别作为石盒子组下部和上部的典型剖面。

5. 孙家沟组(P_3s)

底部为一层紫色厚层含砾粗粒岩屑石英砂岩；下部以紫红色泥岩、页岩、粉砂岩为主，夹紫红色泥质含砾粗粒岩屑石英砂岩、中细粒岩屑长石砂岩及黄绿色粉砂质泥岩；中上部为紫红色泥质含砾中粗粒岩屑石英砂岩、泥质中粗砂岩，夹厚约 8m 的黑灰色碳质页岩；顶部为紫红色黏土岩。在黑灰色碳质页岩及紫红色粉砂岩中含植物化石，有 *Taeniopteris taiyuanensis*，*Pecopteris* sp.，*P. arcuata*，*P. echinata*，*Sphenophyllum spathulatum*，*S. thonii*，*Tingia hamaguchii*，*Annularia mucronata*，*Neuropteridium coreanicum*，*Otoflium* sp. 等。厚 150～168m。上述植物化石组合为晚二叠世晚期特征，因而本组时代为晚二叠世晚期(P_3^3)。孙家沟组属河流相沉积。底部以紫色厚层含砾粗粒岩屑石英砂岩与石盒子组顶部灰白色中厚层含砾粗粒长石砂岩分界，两者呈整合接触，本组曾称石千峰组。在实习区主要见于柳江盆地的黑山窑至欢喜岭一带。

四、中生界(Mz)

1. 杏石口组(T_3x)

岩性为灰白色中粗粒长石石英砂岩、粉砂岩、黑色碳质页岩，夹煤线。含大量植物化石，计有 *Neocalamites carrerei*，*N.* cf. *hoerensis*，*Sphenopteris* sp.，*Marttiopsis asiatica*，*M. horensis*，*Dictyophyllum nathorsti*，*D.* cf. *graeile*，*Clathropteris meniscioides*，*Todites* sp.，*Ctenis* cf. *japonica*，*Pterophyllum sinense*，*Nilssonia* sp.，*Glossophyllum zeilleri*，*Ginkgoites* cf. *magnifotinus*，*Cycadocarpidium* cf. *erdmanni*，*Pityophyllum nordenskioldi*，*Podozamites lanceolatus*，*Taeniopteris* sp.，*Cladophlebis* sp.，*Anomozamites* cf. *minor* 等，还见有少量昆虫和双壳类化石。厚 161.8m。上述化石中，*Glossophyllum*，*Cycadocarpidium* 主要见于晚三叠世，*Pterophyllum sinense*，*Anomozamites* cf. *minor* 和 *Ctenis* cf. *japonica* 仅见于晚三叠世，*Neocalamites carrerei*，*Marttiopsis asiatica*，*M. horensis*，*Dictyophyllum*

表 2-3 秦皇岛地区岩浆岩一览表(标“#”号者为实习区可见到的岩石类型)

旋回	时代	侵入岩		火山岩	
		深成岩	浅成岩	喷出岩	火山碎屑岩
燕山期	K_1	斑状石英正长岩#、斑状花岗岩#(120~125Ma①)	花岗斑岩#、细粒花岗岩#、正长斑岩#、辉绿岩#、伟晶岩#、细晶岩		
	J_3	花岗闪长岩#、闪长岩#(140~145Ma②)	石英斑岩	流纹岩#、安山岩#、粗面岩#	集块岩#、火山砾岩#、凝灰岩#
	J_1	闪长岩、花岗闪长岩、石英二长岩、花岗岩(150~170Ma②)	玻基辉橄岩#、花岗斑岩	玄武安山岩#、安山岩#(155~165Ma,K-Ar②)、流纹岩#	集块岩#、火山砾岩#、凝灰岩#
五台期	Ar_2	中粗粒花岗岩#(2 494Ma,锆石 U-Ub 一致线,吴家弘,1981③;2 412Ma,Rb-Sr 全岩,方占仁,1985③)、中细粒花岗岩、闪长岩	伟晶岩#、细晶岩#		

①河北省第一区调大队(1982),引自杨坤光等(2000);②河北省地质局(1982);③引自穆克敏等(1989)。

岩石的分类依据是成分、结构、构造等岩石的最显著特征。由于侵入岩结晶较充分,肉眼可以识别矿物颗粒,因而其分类主要考虑矿物含量,这种分类称为定量矿物分类。图 2-2 是国际地科联推荐的花岗质岩石的定量矿物分类,需要熟练掌握。这个分类以石英(Q)、碱性长石(A)和斜长石(P)含量对岩石进行划分。关键是要对石英、斜长石和碱性长石进行正确鉴定并估计其含量,在此基础上将三种矿物的含量换算成百分含量(Q+A+P=100%)后,在 QAP 三角图中投点确定基本名称。岩石中的暗色矿物(如黑云母、白云母、角闪石、辉石)可作为前缀参加命名,如黑云母-角闪石花岗闪长岩。此外,岩石命名还可以考虑该岩石显著的结构构

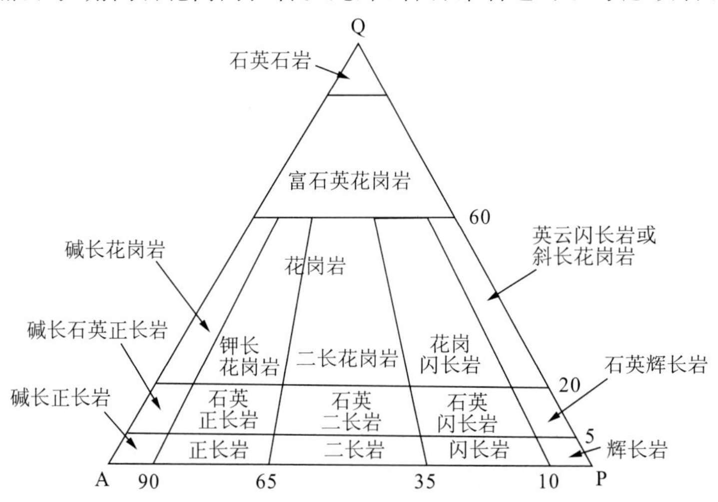

图 2-2 花岗岩类岩石 QAP 分类三角图

Q=石英,P=斜长石,A=钾长石+钠长石(An<5%)

图 2-16　实习区内石灰岩(A. 石门寨西门外)和石英砂岩(B. 鸡冠山)(王家生摄于 2004 年)

第五节　区域地质发展简史

实习区位于中朝地块燕山褶皱造山带的东段。在距今约 3 000Ma 之前的古太古代，西起内蒙古大青山，向东经过山西省阳高，河北省怀安、遵化、迁安、山海关和辽宁省新金一带，中朝地块形成了以海底火山喷发岩为主的迁西群沉积(Sm-Nd 测年，3 500Ma)。约 3 000Ma 时中朝地块形成初始陆核，开始陆壳和洋壳的分异。实习区西部的青龙-滦县大断裂形成于新太古代晚期，控制了实习区古元古代和新元古代早期的沉积背景。断裂西盘持续下降，沉积了厚达数万米的碎屑岩和火山岩，东盘(实习区所在区域)则为断层隆起，遭受剥蚀。新元古代中期，华北地区整体下降，海侵范围急剧扩大，实习区出现了新元古代晚期浅海相沉积。之后约在 800～570Ma 期间，整个中朝地块上升成陆，没有沉积。

古生代开始中朝地块总体处于海侵状态。从寒武纪至中奥陶世末期，基本连续沉积了一套海相地层。从晚奥陶世开始，中朝地块整体再次上升成陆，直到晚石炭世才重新下降变成海洋，接受沉积。因此，实习区普遍缺失晚奥陶世—早石炭世的地层，形成古风化剥蚀面。

晚石炭世的沉积总体以海陆交互相为主，在底部与奥陶系的不整合面附近形成残积型铁矿和铝土矿。晚石炭世末期实习区地壳上升，至早二叠世基本脱离海洋环境，晚二叠世完全变为陆地，整个华北地区开始出现一套以河湖相和沼泽相为主体的含煤碎屑岩沉积。

中生代开始实习区上升强烈，缺失沉积。中三叠世末期的印支构造运动使地层发生强烈构造变形，致使下侏罗统与古生界之间呈角度不整合接触。侏罗纪时期的燕山运动对实习区影响强烈，早侏罗世末期的燕山运动Ⅰ幕造成下侏罗统和中侏罗统之间的低角度不整合。中侏罗世的强烈火山喷发和岩体侵入，形成了实习区中侏罗统火山岩。中侏罗世末的燕山运动Ⅱ幕产生强烈构造变形，形成了实习区柳江向斜构造。晚侏罗世的火山活动带来了实习区中酸性火山喷发，末期燕山运动Ⅲ幕(主幕)，带来实习区大规模的花岗岩体侵入(137～145Ma)。早白垩世地壳活动进入相对平静期，只有少量斑岩类小岩体和浅成岩脉侵入，早白垩世末的构造运动强度明显减弱，直到现在整个华北地区构造运动逐渐减弱，全区总体上升，遭受剥蚀，因此实习区总体缺失白垩纪至新近纪的沉积。

新生代以后实习区差异升降和阶段性升降运动明显，造成实习区西北高、东南低的地貌格局，形成 600m、450m、300m 海拔高度的夷平面和多级河流阶地、海蚀阶地和其他古海蚀地貌，并造就了实习区总体水系流向东南，注入渤海。

第三章　野外地质实习教学路线

本书列出 9 条野外地质实习教学路线，包含实习区出露的岩石、地层、构造、矿产资源、环境和生物等，涉及外动力地质、内动力地质、矿产资源、环境和人类活动等地质作用过程，具体内容包括风化作用、河流地质作用、地下水地质作用、风的地质作用、海洋地质作用、构造运动、岩浆作用、变质作用、矿产资源和环境变迁等地学基础知识。通过观察和描述实习路线上出露的地质现象，加深地学基础知识的感性认识和地学基本理论的感性理解，初步训练和掌握野外地质工作的方法和基本操作技能。不同院系的学生可根据其专业特色，选择 8 条野外路线开展实践教学，在满足地质认识实习教学大纲的前提下，突出本院系的专业特色。

第一节　小东山—鹰角亭—新河口海岸地质作用和海洋生物

路线：基地—小东山—鹰角亭—新河口—基地。

任务：

(1)了解北戴河实习区交通和人文、自然地理概况；利用罗盘和地貌定点。

(2)观察基岩海岸波浪运动、海蚀作用及其地貌。

(3)观察基岩海岸沉积物和海洋生物。

(4)观察新河河口地形、沉积物、波痕和海洋生物。

学生准备工作：

(1)预习地形图和罗盘的基本常识；准备必要的野外实习用品。

(2)预习波浪运动对海岸的地质作用过程。

(3)预习河口区地质作用特点。

NO. 1

位置：北戴河小东山以北的海岬礁石。

意义：基岩海岸海蚀地貌、沉积物和潮间带生物特征。

观察内容：

(1)复习地形图和罗盘使用。

(2)小东山一带海岸基岩的岩石学特征。

(3)基岩海岸波浪运动和海蚀地貌特征。

(4)基岩海岸沉积物和潮间带海洋生物特征。

教学内容：

1. 地形图和罗盘使用

复习和总结地形图和罗盘的一般常识(例如经、纬度，东、南、西、北方位角，比例尺，图例，等高线，地理、磁子午线差别，磁偏角等)，根据地形图上标注的磁偏角值，校正各自罗盘的磁偏角。

观察小东山附近的地形、地物特征和海岸线形态。自北向南依次可见：联峰山（远处）、赤土山、新河河口大桥、鹰角亭、鸽子窝、海湾、小东山北海岬、海湾、小东山游艇码头等，注意地形等高线中的陡崖标志。在天气晴朗时，可远见东北方向的山东堡海湾、秦皇岛港和北部山区的燕山余脉。指出鹰角亭曾是毛泽东主席1954年吟诗词《浪淘沙·北戴河》所在地，可激起学生的浓厚兴趣。

利用地形和罗盘定点。具体方法：首先根据鹰角亭（鸽子窝）和游艇码头两个标志地名，分别用罗盘测量出其方位角，利用后方交会法确定学生观察点位置；然后利用小东山一带海岬部位的地形、地物特征确定观察点的精确位置。

2. 小东山海岸的基岩岩石学特征

实习区海岸的基岩为花岗质岩石（穆克敏等，1989）。根据新近区域地质调查资料，该套花岗质岩石的成因属于岩浆成因，侵入年代为新太古代，后期遭受了强烈变形变质改造。主要矿物有石英、长石，其次有黑云母、角闪石等。浅灰色、灰白色，中、粗粒花岗结构，块状构造。岩石中可见暗色片麻岩、角闪岩等包体。普遍发育后期侵入的浅色伟晶岩脉（图3-1）和石英脉。

图3-1　花岗质海岸基岩中暗色角闪岩包体和浅色伟晶岩脉（王家生摄于2003年，金山嘴）

小东山北观察点海岬部位的基岩主要为伟晶岩。浅灰白色，主要矿物是石英，含量约90%，少量钾长石，伟晶结构，块状构造。伟晶岩脉呈岩墙状产出，较陡直，总体走向近东西。岩石内部发育几组节理，表现出明显的区域构造破裂面。

3. 基岩海岸波浪运动和海蚀作用特征

基岩海岸的波浪常呈拍岸浪形式。从远岸至近岸，波浪形态从对称、波高低、波峰线不连续，逐渐过渡为不对称、波高增大、波长减少、波峰线连续的波形，最终与海岸岩石碰撞形成惊涛骇浪（拍岸浪）。拍岸浪使波浪的能量瞬间消耗于撞击岩石上，使岩石容易遭受破坏，形成各种海蚀地貌。因此，海岬部位的波浪地质作用主要表现出强烈的拍岸浪侵蚀作用，并形成各种海蚀地貌。

基岩海岸侵蚀作用的过程实际上是波浪能量逐渐消耗于侵蚀岩石的过程。海岸基岩在拍岸浪的长期作用下，被不断打碎冲刷，逐渐形成海蚀凹槽、海蚀沟和海蚀穴等侵蚀地貌；不断扩大的海蚀凹槽使得上覆岩块失去基础导致重力失稳而崩塌，形成比较陡直的海蚀崖；由于拍岸浪的不断侵蚀，海蚀崖的底部又会形成新的海蚀凹槽；新的海蚀凹槽不断扩大又导致上覆岩块新的崩塌，形成新的海蚀崖。经过上述过程的不断重复，海蚀崖朝向陆地方向节节后退，其前方的海岸带宽度不断增大，逐渐形成了一个微微向海洋方向倾斜的波切台。随着波切台的不断拓宽，前进的波浪在到达海蚀崖之前，其能量被逐渐消耗，最后使得波浪没有足够的能量破坏海蚀崖基底，不再产生新的海蚀凹槽，波浪对基岩海岸的侵蚀作用最终达到了平衡状态，其前方出露一个微微向海倾斜的基岩平台，称为波切台（图 3－2）。这一基岩海岸平衡状态的到来需要漫长地质时间，在其形成过程中可以形成各种各样的海蚀地貌，包括海蚀凹槽、海蚀沟、海蚀崖、海蚀柱、岩蚀岩垛、海蚀岩礁、海蚀穹、波切台等（图 3－3～图 3－7）。

图 3－2　正在发育的鹰角亭海岸波切台（王家生摄于 2003 年，小东山）

图 3－3　海蚀凹槽（王家生摄于 2003 年，金山嘴）

（1）海蚀凹槽。主要发育于高潮线附近，常位于海蚀崖的底部。特点是凹槽深度大于高度，深达岩石内部。海蚀凹槽规律不一，常沿岩石的构造破裂面优势发育。海蚀凹槽发育位置不仅位于现代高潮线附近，也出现在离现代海水面不同高度的岩壁上。这暗示着小东山地区存在明显的地壳上升（或海平面下降）构造运动。

（2）海蚀沟。普遍发育于小东山一带基岩海岸，纵横交错，常沿不同区域节理方向发育。统计数据表明，规模较大近于直立的海蚀沟方向为 320°、275°等，较平缓的海蚀沟方向有 285°～290°、322°、351°等（图 3－4）。

(3)海蚀柱和海蚀岩礁。海蚀柱和海蚀岩礁常见于基岩海岸中，是波浪侵蚀基岩造成岩石跨塌后残余下来的岩柱，簇立于海面或波切台上。海蚀柱呈长柱状，海蚀岩礁相对短矮(图 3-5)。

(4)海蚀穴。海蚀穴是波浪拍打岩壁后形成的孔洞，常分布于海蚀崖上。小东山一带海岸发育各种形态、大小不等的海蚀穴。一些海蚀穴的高度远远高出现代海平面，是地壳上升运动(或海平面下降)留下的证据(图 3-6)。

图 3-4　海蚀沟(王家生摄于 2003 年，小东山)

图 3-5　海蚀柱和礁(王家生摄于 2003 年，金山嘴)

图 3-6　海蚀穴(王家生摄于 2003 年，小东山)

图 3-7　海蚀崖(王家生摄于 2003 年，金山嘴)

(5)海蚀崖。海蚀崖普遍发育于小东山、鹰角亭和金山嘴一带基岩海岸，岩壁高度不同，最高超过 20m，呈现为悬崖峭壁。著名的鹰角亭前端就是一个典型的海蚀崖。金山嘴海岸大多呈陡峭的海蚀崖(图 3-7)。

(6)波切台。波切台是波浪侵蚀基岩过程中形成的微微向海洋方向倾斜的基岩平台，达到侵蚀平衡状态需要漫长地质时间。小东山和金山嘴一带的波切台尚未发育到最终平衡状态，表面不平整，残余有大小不等的海蚀柱、礁石和侵蚀下来的岩块、砾石等。值得注意的是，北戴河基岩海岸存在 3 个不同高度的古波切台，分别高出现代海平面约 2～5m(小东山一带海蚀岩礁的顶部构成，一级古波切台)、12～15m(小东山一带海蚀柱的顶部构成，二级古波切台)和 19～22m(小东山一带海岬地面上房屋基座高度，三级古波切台)。它们是北戴河地区 3 次地壳上升(或海面下降)现代和新构造运动的重要地质记录。

4. 基岩海岸沉积物和海洋生物特征

小东山一带的基岩海岸沉积物以粗大砾石为主，拍岸浪造成的大量坍塌岩块大多被就地堆积。波浪的折射作用使得海岬部位的波能集中，水动力较强，堆积下来的沉积物大多比较粗大，个别粗大的滚石直径超过 1m。沉积物大小混杂（分选差），棱角分明（磨圆差），常形成砾滩。矿物组成总体上保留了海岸的基岩原始岩性（花岗岩、伟晶岩），其中夹杂数量不少的生物贝壳碎片，局部形成贝壳滩。

小东山一带的基岩海岸潮间带海洋生物相当丰富，大多固着基岩表面生长于潮间带，并有良好分带性。藻类、鹿角菜、海白菜和海葵等分布于下部；牡蛎、笠贝、锈凹螺、荔枝螺、紫贻贝和锈凹螺等大致位于中部；海蟑螂、藤壶、短滨螺和黑偏顶蛤等位于上部。实际上各带之间没有严格的界线，逐渐过渡。总体上反映生物种类随着波浪能量增强，固着能力或抗风浪打击能力增强趋势（图 3-8，图 3-9）。

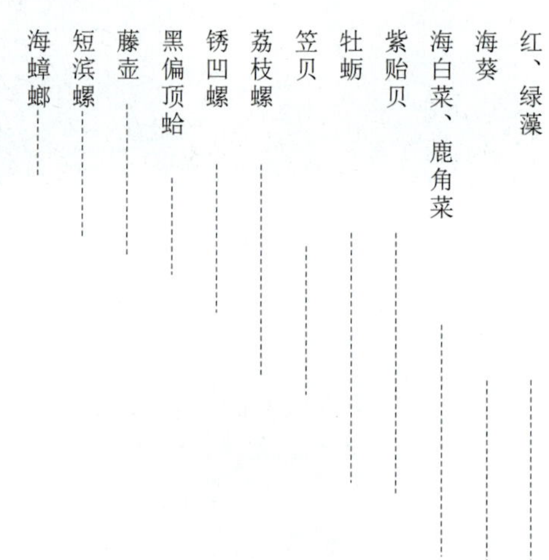

图 3-8 基岩海岸海洋生物分带示意图（王家生摄于 2003 年，小东山）

基岩海岸常见的生物特征描述如下：

（1）海蟑螂：学名海岸水虱（*Ligia exotica roux*），又名海蛆，属于节肢动物门，甲壳纲。黑棕色，常与岩石颜色相近，具保护色作用。扁椭圆形，长 3～4cm，长宽比约为 2。头部短小，眼睛大而圆，位于头部两侧。胸肢 7 对，2 个触角，体后 1 对长尾肢，末稍二分叉。爬行速度快，成群结队生活在高潮线及潮上带岩石中。

（2）藤壶：属于节肢动物门，甲壳纲，蔓足亚纲，藤壶科。固着基岩表面生活，壳体外有 6 块坚硬钙质壳板，顶部一对背板和一对盾板组成口盖。其中个体较小的小藤壶（*Chthamalus*）生活在高潮线附近，壳体被腐蚀成灰色或暗灰色。个体较大的藤壶（*Balanus*）生活在潮间带的中、上位置，灰白色，壳板上具有纵肋。

（3）短滨螺（*Littorina brevicula philippi*）：属于软体动物门，腹足纲。黑褐色，夹杂白、黄色斑，壳顶紫褐色。壳体小，似球状，壳口卵圆形，螺层约 6 层，结实。螺层上有 4～5 条螺肋，体螺环的螺肋约 10 条，粗细不一。螺层中部扩张，形成较明显的肩部。主要生活在潮间带的上、中部，以足丝固着在岩石表面上，成群出现。

（4）黑偏顶蛤（*Vignadula atrata*）：属于软体动物门，双壳纲。壳表面呈黑色，壳内淡蓝

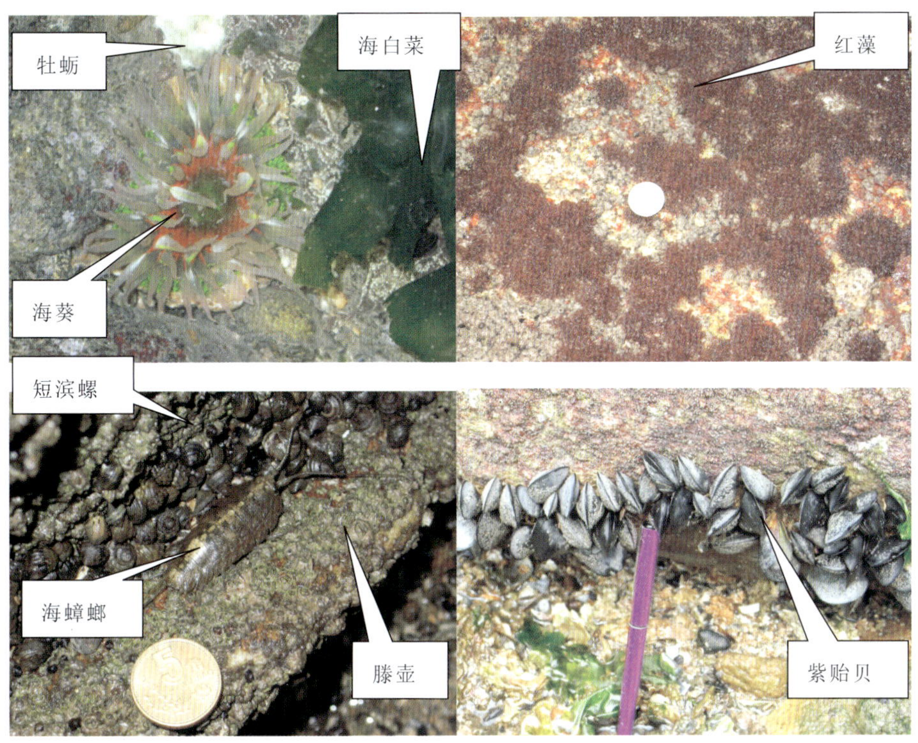

图 3－9　基岩海岸常见生物类型代表(王家生摄于 2003 年,小东山)

色。贝壳个体很小,近三角形,壳顶偏向背缘而得名。腹缘略凹,背缘呈弓形,后缘圆形。足丝淡黄色,极细软。主要生活在潮间带的上、中部。

(5)褶牡蛎:学名僧帽牡蛎(*Pycnodonta plicatula*),属于软体动物门,双壳纲。壳体大多呈不规则三角形,壳顶小尖长,两壳不对称,终生以左壳固着生活在岩石表面。左壳大,呈帽状(故得名"僧帽")。右壳平如盖,表面具同心环状鳞片,颜色为黄色或暗紫色,壳体内部呈灰白色,肌痕大,位于中央偏上。铰合部呈三角形,韧带槽狭长,呈锐角三角形。牡蛎主要生活在潮间带中、上部,但个别可达潮下带。退潮后牡蛎双壳紧闭,残留水体维持生命。牡蛎肉质鲜美,壳体易损伤皮肤。

(6)拟帽贝(*Patelloide* sp.):属于软体动物门,腹足纲。灰青色,灰黄色。壳体小,斗笠状,壳体薄,周缘完整呈卵圆形,无螺旋部。壳顶高起,位于近中央而稍向前方。壳顶较钝,常被磨损。壳边常有三角形放射状棕褐色带,壳内白色,有棕色斑块。以宽大的肉足吸附在岩石表面,较结实。主要生活在潮间带的中、上部。

(7)海葵:属于腔肠动物门,珊瑚虫纲。小东山海岸常见类型属于绿海葵(*Sagartia leueolena*)。外形呈圆筒状,口盘部中央有口,周围分布许多触手,数目约是 5 或 6 的倍数。以蕊盘分泌物附着在岩石表面上,当触手伸开时呈现葵花状,故取名海葵。

(8)海白菜:又叫裙带菜,学名孔石莼(*Ulva pertusa*),属于绿藻类植物门。绿色,叶片状。由两层细胞组成,茎很短,基部有盘状体固着在岩石表面上。主要分布于潮间带下部。

(9)海青菜、苔条:学名条浒苔(*Enteromorpha clathrata*),属于绿藻植物门。绿色,呈单条分枝管状,管壁由一层细胞组成。幼体以基部固着在岩石表面生活,长大后随波逐流漂浮在水中生活。

(10)鹿角菜,学名刺松藻(*Codium* sp.):属于绿藻植物门。藻体绿色,下部横卧,上部直立。直立的部分呈圆柱状,叉状分枝,一般高达10～30cm,生活在潮间带下部。

(11)锈凹螺(*Chlorostoma rusticum*):软体动物门,腹足纲。贝壳圆锥形,坚厚。螺层约7层,各层微显膨圆。壳表面密布细线状的螺旋纹和粗大的向右倾斜的放射肋,生长纹细密,与斜的放射肋成十字交叉。表面黄褐色,有铁锈色斑纹。壳口斜,呈马蹄形。生活在潮间带中、下区的岩石间,以藻类为食。

(12)脉红螺(*Rapana venosa*):软体动物门,腹足纲。个体大,螺层6级,螺旋部矮,体螺层中部宽大,基部收窄。壳面密生较低的螺肋,粗细均匀。缝合线较浅,每层靠上部由连续的螺肋形成肩角。壳色黄褐色,具棕色或紫棕色的斑点。壳口很大,内面杏红色。外唇边缘随壳面的粗肋形成犄角,内缘具多数褶皱,内唇弧形,上部薄,下部厚,向外伸展与绷带共同形成假脐。生活在数米或十余米水深的浅海泥沙碎贝壳质海底,幼小个体则常见于潮间带岩礁间。

(13)舟蚶(*Arca navicularis*):学名鹰翼魁蛤,贝壳结实,近长方形;当二壳合起,壳顶向上时呈舟状。前方短,后方长,壳面中部稍压缩;前端圆,后端略呈截形,中部稍凹,背缘直,腹缘稍凹,形成腹孔。壳面黄白色,具紫红色花纹。放射肋规则,在前部和后部粗壮,中部者细弱,具有不很明显的结节。壳顶突出,弯曲;两壳顶距很远;韧带面宽而平,被有棕黑色表皮,并具有菱形沟。壳内面色紫,铰合面狭长,齿短而密。前闭壳肌长卵圆形,后闭壳肌长方形。生活在6～24m深的岩礁间,用足丝附着他物。肉可食。

(14)布纹蚶(*Arca decussata*):贝壳椭圆形,扁平,壳顶稍凸出,互相接近,位于前方,约相当于壳全长的1/4处;贝壳表面同心生长脉相当凸而密,与放射肋相交成布纹状。壳表面白色,被综合色毛发状表皮。铰合面窄,前后两侧比中央宽,齿较大而稀,片状,中央者较小,两侧者较大。前闭壳肌痕椭圆形,后闭壳肌痕大。生活于浅海,用足丝附着于岩石、珊瑚礁的缝隙中或其他贝壳上,肉可食,贝壳可烧石灰。

除了上述海洋生物之外,尚有褐藻、红藻、苔藓虫、石龟、有孔虫、介形虫和多毛类等生物也通常生活在基岩海岸中。此外,螃蟹类生物通常活动于岩石缝隙间,鱼、虾、海星等生物主要生活在海水中。特别注意的是,小东山一带基岩海岸的沉积物中常含一些沙质海岸海洋生物碎片(例如舟蛤、菲律宾蛤、樱哈、毛蚶等),应提醒学生它们通常不生长在基岩海岸。

海蚀地貌和海洋生物观察常常能激起学生的强烈兴趣,教学过程中可首先采用提问方式,适当复习书本上已学过的相关教学内容,从理论上理解基岩海岸波浪侵蚀作用过程。再以小组为单位独立观察和描述相关海蚀地貌,捕获海洋生物。鼓励学生对一些典型地质现象、地形地貌进行照相和素描,要求学生多思考、多提问、勤动手和勤记录。教学过程中注意贯彻独立认真、实事求是的科学思想。还应提醒注意个人安全,因为基岩海岸怪石众多,风高浪大,坚硬海洋生物贝壳很容易损伤皮肤。最后,老师可根据学生观察记录情况,总结归纳主要教学内容。

教学重点与难点:

(1)波切台的形成过程和海蚀地貌。

(2)古海蚀地貌和地壳运动记录。

(3)海洋生物种类及其分带习性。

小东山教学点的实习时间大约为1.5个小时。教师总结主要教学内容后,整理学生队伍,清点人数,检查个人携带物品。徒步前往鹰角亭公园,集体买公园门票后进入鹰角亭观察点。

NO. 2

位置：鹰角亭。

意义：新河河口和鸽子窝海洋地质作用。

观察内容：

(1)观察新河河口地形、沉积物、波痕和海洋生物。

(2)鸽子窝海蚀地貌和沉积物。

教学内容：

1. 新河河口地形

河口地区是海洋地质作用与河流地质作用联合作用的地区，当河流带来的泥沙量大于波浪搬运掉的泥沙时，河口区就会堆积大量沉积物，逐渐形成三角洲地形；反之，则形成三角港。

新河河口地形是一个三角洲。平面上呈三角形，地形坡度小，顶端指向河流上游，向外呈三角状展开，河道在其中蜿蜒入海。沉积物表面分布有不规则的沙脊和水坑，长轴延伸方向与波浪前进方向大致垂直，与海岸线平形。涨潮时整个三角洲被海水淹没，退潮时大部分露出水面。三角洲的前缘较平直，大致与附近海岸线走向吻合，无明显向海洋方向突出的外形，说明新河河口三角洲不是一个十分明显的前进型三角洲，河流带来的泥沙量不大，原因可能与新河河口水坝的修筑有关。

教学过程中可启发学生思考"修筑水坝对河流地质作用影响"。联系到三峡大坝修筑对长江上游和中下游河流地质作用的影响，展开适度的讨论和思考。

2. 鸽子窝(鹰角石)海蚀地貌和沉积物

鸽子窝(鹰角石)是拍岸浪侵蚀作用形成的一个海蚀岩垛(大型海蚀柱，一端与陆地连接)，陡峭的海蚀崖与区域性节理发育有关。在海蚀崖上可见到3组不同高度的海蚀凹槽，分别高于现代海平面大致为2～5m、12m和20m。它们显然都不是现代波浪侵蚀作用的产物，而是古波浪侵蚀作用的产物，是北戴河地区地壳运动的重要地质记录。教学过程中应提醒学生联系小东山一带基岩海岸所观察到的不同高度古波切台地貌，初步归纳总结出北戴河地区地壳上升运动的期次和先后顺序。

鸽子窝海面上孤立的一块礁石是一个不很典型的海蚀柱，柱体高度较小，可能经历了长期的波浪侵蚀和重力跨塌，残留在波切台上。鸽子窝海滩上的沉积物以砾石为主，大小混杂(分选差)，多数棱角分明(磨圆差)，矿物组成基本上为原地伟晶岩和花岗岩组成。总体上反映了较强波浪动力环境下较快速堆积的地质作用过程。其中直径1m左右的滚石均为原地坍塌产物；直径10cm左右的砾石与海岸基岩成分基本相同，具一定磨圆度；直径＜2cm的砾石成分复杂，具一定磨圆度。

最后，在教师的示范下，要求学生们绘制一幅从鹰角亭—鸽子窝—海滩的海蚀地形剖面图，反映出不同高度的古波切台、古海蚀凹槽、海蚀柱和现代波切台等地貌特征(图3-10)。

3. 新河三角洲沉积物、波痕和生物

新河河口三角洲沉积物以细沙、粉沙、黏土(淤泥)和细小生物贝壳碎片为主，结构疏松，深部沉积物含有较多的有机质，并显示水平层理。从接近陆地至靠近海洋一侧的方向，沉积物的颗粒总体从粗大至细小变化，有机质含量逐渐增多。

教学内容：

1. 风化壳概述

风化壳是指地表或近地表基岩经过长期风化后，残留于原地的薄壳状不连续松散堆积物。风化壳是物理、化学和生物风化作用的综合产物，其分布位置、厚度和性质受基岩成分、结构、构造、裂隙、气候、植被、水文和地形等因素的影响。由于风化作用的强度由地表向下逐渐减弱和影响风化壳发育因素具有水平分带性，因此风化壳具有垂直和水平分带的特征。

在垂直方向上，发育和保存完好的风化壳通常自上而下可分为土壤层、残积层、半风化层和基岩层(图 3－19)。土壤层主要由黏土矿物和腐殖质构成，是残积物经生物风化作用强烈改造的产物，通常含大量的植物根系，灰色—灰黑色，厚度 20～200cm 不等，形成时间约需 200～500 年。整个风化壳的形成时间通常长达数百万年，甚至数千万年、数亿年。残积层主要由黏土矿物和其他化学风化产物组成，通常不含腐殖质，无层理。残积层的化学风化程度比较彻底，最能反映基岩风化时的气候条件，是物理风化和化学风化共同作用的产物。半风化层的岩石仅发生微弱的化学风化，以物理风化为主，岩石呈块状构造，相对较致密，比较清楚地保留有原岩的结构和构造。半风化层往下逐渐过渡到基岩。

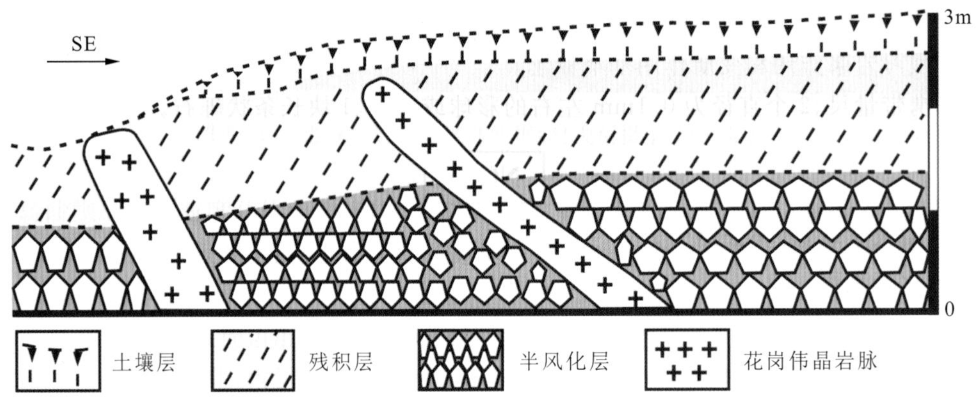

图 3－19　燕山大学北山坡风化壳剖面图

需要指出的是，保存完整的风化壳剖面是比较少见的，土壤层和残积层很容易遭到地表流水的侵蚀和破坏，即使在保存完整的风化壳剖面上，土壤层、残积层和半风化层之间的界线通常也是逐渐过渡的。

在水平方向上，根据风化条件和风化产物的不同，可区分出 5 种风化类型(表 3－1)。气候、植被和基岩类型是划分风化壳类型的主要因素。

2. 燕山大学北外环公路旁风化壳特征及气候意义

燕山大学北外环公路旁发育的风化壳的基岩为新太古代花岗岩。在区域上，该花岗岩呈浅灰色—杂灰色，块状构造，局部片麻状构造，粒状结构。主要矿物组成为钾长石、斜长石、石英和云母。花岗岩中包含大小不一、形态各异的角闪-黑云片麻岩和斜长-角闪岩包体，并被大量的伟晶岩脉穿插。该风化壳自上而下可分为土壤层、残积层和半风化层(图 3－19，图 3－20)，花岗质基岩未出露。

土壤层：位于风化壳的顶部，灰褐色，自上而下颜色变浅，厚 0～40cm；主要成分为黏土矿物、有机质、褐铁矿和少量的石英，以及植物根系和尚未彻底腐烂的植物茎和叶。其土壤类型为褐壤(或棕壤),具有温带海洋气候的土壤特征。

表 3－1　五种主要的风化壳类型(转引自边兆祥、李德本,1993)

风化壳类型	风化条件	元素迁移特征	标志元素	标志矿物
岩屑型风化壳	高寒气候,生物作用弱	元素迁移弱,机械破坏为主		微弱化学变化的碎屑
硅铝－黏土型风化壳	温带潮湿气候,有机酸起积极作用	碱金属元素已析出,Al_2O_3,Fe_2O_3 带到下层;SiO_2 在表层堆积	Al,Fe,Si	水云母,高岭土,绿高岭土,Fe、Al的氢氧化物
硅铝－碳酸盐型风化壳	温带半干旱气候,有机酸起作用	碱金属元素析出,碳酸盐富集,主要是 $CaCO_3$	Ca,Mg,(Na)	方解石,白云石,高岭土,蒙脱石
硅铝－氯化物－硫酸盐型风化壳	干旱气候,生物作用弱	碱金属元素部分析出,形成并堆积氯化物、硫酸盐类矿物	Cl, Na, S,(Ca,Mg)	岩盐,硬石膏,芒硝,蒙脱石
砖红土型风化壳	湿热的热带、亚热带气候,有机酸作用强	SiO_2 和碱金属已被带走,Al_2O_3、Fe_2O_3 堆积	Al, Fe, Si,Mn	Al、Fe的氢氧化物,SiO_2(蛋白石),高岭土

残积层:位于土壤层之下,红褐色,厚 50～150cm;主要成分为黏土矿物、褐铁矿和残留的石英。该层疏松易碎,属于硅铝-黏土型风化壳,形成于温带潮湿气候环境。北戴河地区目前为温带半干旱气候,表明风化壳形成后北戴河地区的气候逐渐变得干旱。

半风化层:位于风化壳剖面的下部,可见厚度大于 100cm。在半风化层中花岗岩的原始结构和构造仍然清晰可见,但长石已不同程度地水解成高岭土,大多数黑云母已变成蛭石,岩石构造疏松易碎。半风化层未见底。

上述风化壳剖面的各层界限渐变过渡,在水平方向上其厚度有一定的变化。在该剖面上,可见 2 条伟晶岩脉穿插(图 3－19,图 3－20)。伟晶岩脉表现出清楚的伟晶结构和块状构造,矿物未遭受明显的风化。在同一风化壳剖面上,花岗岩与花岗伟晶岩脉表现出明显的差异风

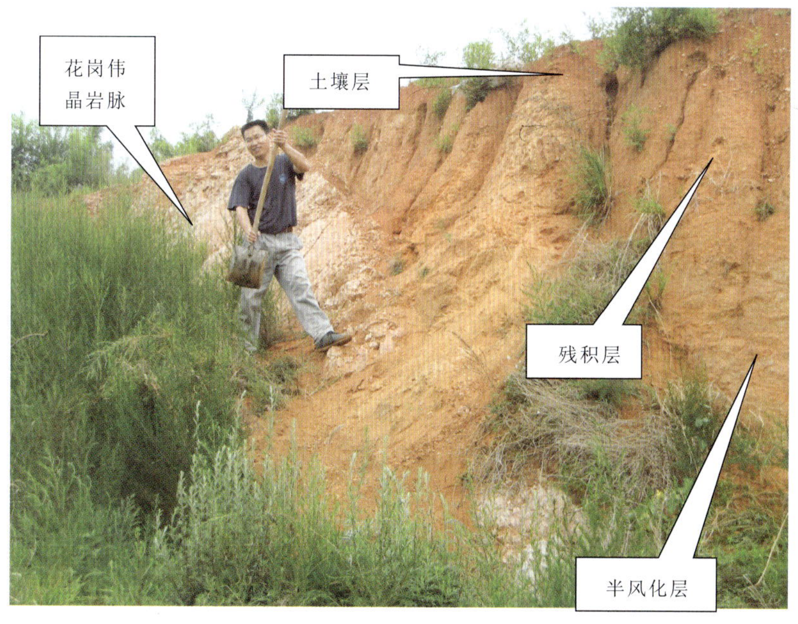

图 3－20　燕山大学北山坡风化壳露头(龚一鸣摄于 2003 年)

化现象，其原因与伟晶岩脉中暗色矿物少、石英和长石晶体巨大有关。根据穿插关系，伟晶岩脉的形成时代晚于花岗岩。此外，该风化壳剖面上可见一条宽约10cm的灰绿色辉绿岩脉，穿插于伟晶岩和花岗岩中，已被强烈风化为粉末状，其形成时代晚于伟晶岩和花岗岩。

NO.6

位置：山东堡海滩。

意义：沙质海岸波浪、潮汐、生物、沉积物和地形观察点。

要求：

(1)观察沙质海岸波浪、潮汐和沉积物特征以及滨海环境分带。

(2)体验海水的运动、温度、浊度、盐度和味道等。

(3)观察波痕、气泡沙构造、海洋生物和生物遗迹。

(4)试验沙粒和长条状砾石的运动轨迹，模拟海蚀凹槽和海蚀涯的形成。

(5)绘制海岸地形的分带剖面(1∶500～1∶1 000)(机动)。

教学过程：

(1)渤海和北戴河地区的海洋地质概述。

(2)扔两个长方形木头块，观察和讨论远岸和近岸的波浪运动特征。

选择一位大力士男生和一位小力士女生，各扔一个长方形木头块，通常男生扔的木头块会到达深水区，而女生扔的木头块会到达浅水区。当风浪不太大时，深水区的木头块在半小时内一般不会明显地向海岸位移；而浅水区的木头块则在半小时内一般会明显地向海岸位移。

(3)以小组为单位拾贝壳，辨认沙质海岸生物，观察波痕、气泡沙构造和生物遗迹，并体验海水的运动、温度、浊度、盐度和味道等。

(4)以小组为单位观察沙粒、长条状砾石的运动轨迹，模拟海岸侵蚀过程。

实验方案的设计：

①选择一处坡度、水深适度和进流-退流过程分异明显的滩面。

②分工协作：一人示踪颗粒状碎屑的运动轨迹，并标记；一人记录时间和测量距离，一人计算某一颗粒状碎屑在一个完整的进流和退流过程中所经历的时间和位移的距离。譬如说一个完整的进流和退流过程所经历的时间和位移的距离为6秒钟和2m，可要求学生分别计算该粒状碎屑在1小时、24小时、1年、1万年、100万年所位移的距离。交换分工，每项工作每人轮流做一次。用三次观测结果的平均值作为一次实验结果。用同样的方法再示踪一颗片状碎屑，记录类似结果。通常，粒状碎屑在100万年中位移的距离达数千万公里至数亿公里，片状碎屑在100万年中位移的距离达数亿公里至数十亿公里。粒状碎屑在进流和退流过程中以滚动搬运为主，磨蚀较强烈，片状碎屑在进流和退流过程中以跳跃和悬浮搬运为主，磨蚀较弱。所以，以波浪作用为主的海滩环境，只有物理和化学性质都稳定的矿物颗粒才有可能保存下来，海滩沙的矿物成分以石英为主，分选好，磨圆好。

③试验和观察长条状砾石的运动轨迹，其长轴最终平行于海岸线或垂直于波浪前进方向。构筑沙丘，模拟海岸改造过程(海蚀凹槽、海蚀涯形成过程)。

(5)画波浪和海岸地形分带剖面图。

要求学生以1∶500的比例尺，将自己观察到的波浪和海岸地形分带综合表示在一幅图上

图 3-45　石门寨太原组底部砂岩的球形风化(王家生摄于 2003 年)

3. 点间观察石炭系太原组的岩性特征及沉积旋回

太原组主要岩石类型及岩性描述如下:

⑤灰色粉砂岩、页岩与黄灰色细粒杂砂岩互层。

④青灰色薄层状泥质粉砂岩,夹泥灰岩透镜体,含铁质结核,见植物碎片。

③灰绿色薄层状细粒岩屑杂砂岩。

②灰绿色厚层状黏土质粉砂岩及少量页岩。

①灰黄色厚层至块状中细粒岩屑杂砂岩,具明显的球形风化现象。

———— 整合接触 ————

本溪组:灰色粉砂岩。

太原组岩性较复杂。但总体可分为两部分。下部为具明显的球形风化现象的灰黄色厚层状砂岩,沉积物颗粒较粗;上部为灰色粉砂岩夹细砂岩及少量页岩夹煤层或煤线。在路上还可见后期黄色的岩浆岩脉穿层而过,注意岩脉与砂岩的区别。另外,以上剖面描述仅作参考,实际分层可以上述分层为参考,根据实际情况如实分层。

NO. 18

位置:四方台西山梁。

意义:太原组与山西组的分界点。

观察内容:

(1)利用地形图和罗盘确定石炭系太原组与二叠系山西组分界点的位置。

(2)观察石炭系太原组与二叠系山西组的接触关系。

(3)观察山西组煤层的沉积特征及植物化石。

(4)点间观察二叠系山西组的岩性及沉积特征。

教学内容：

1. 利用地形图和罗量确定石炭系本溪组与太原组分界点的位置

打开地形图，在图上寻找适当的参照点，用罗盘定位，并利用地形地物来确定地质点在地形图上的位置。

2. 观察石炭系太原组与二叠系山西组的接触关系

石炭系太原组与二叠系山西组的分界以煤炭层下部的灰黄色砂岩的出现为标志。灰黄色中厚层状砂岩的出现作为山西组的开始。二叠系山西组灰黄色中厚层状砂岩与下伏石炭系太原组的灰黄色粉砂岩夹砂岩之间为整合接触关系。

3. 观察山西组煤层的沉积特征及植物化石

从挖出来的岩石碎石分析，山西组煤层中夹许多砂岩、粉砂岩透镜体。注意观察煤层中的植物化石类型、化石保存的部分、化石的保存状态等。主要类型包括：脉羊齿 *Neuropteris*、栉羊齿 *Pecopteris* 及芦木 *Calamites* 等（图 3－46）。化石保存部分可分为茎和叶。保存状态多杂乱无章，反映快速堆积的埋藏条件。另外，注意观察砂岩或粉砂岩透镜体中的沉积构造，分析其沉积环境的水动力条件。

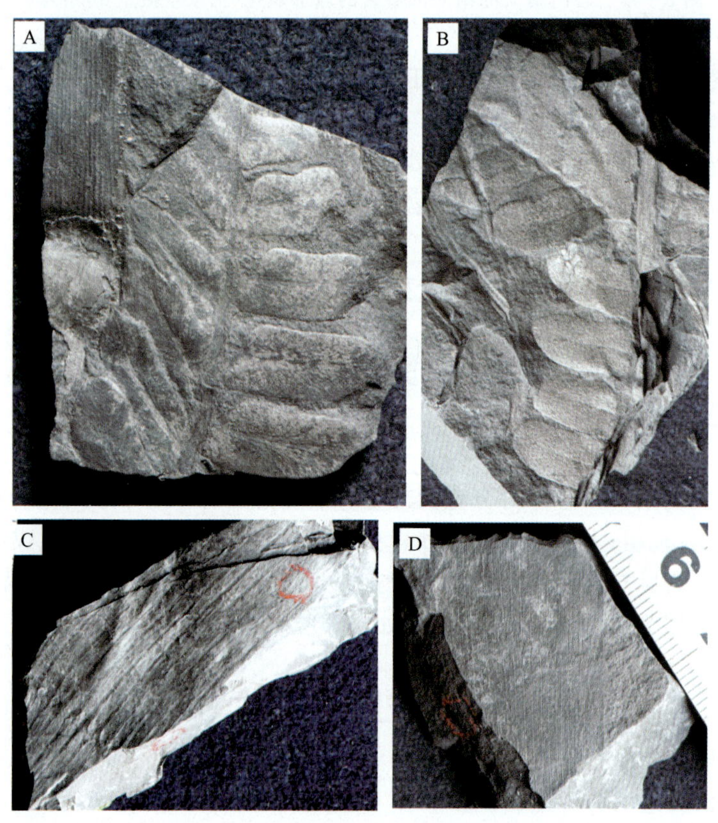

图 3－46　石门寨西门煤矿处山西组含煤层中的植物化石（喻建新摄于 2008 年）

A，B. *Neuropteris* sp.（脉羊齿未定种）；C，D. *Calamites* sp.（芦木未定种）

4. 点间观察二叠系山西组的岩性特征及沉积旋回

山西组自上而下主要岩石类型及描述如下：

③灰色铝土质泥岩、粉砂岩。

②灰黑色含煤泥页岩、煤层夹砂岩透镜体。产丰富的植物茎、叶化石。本层沿途覆盖严重，岩性特征主要依据挖煤碎石。

①灰黄色厚层状中细粒长石、岩屑杂砂岩。

NO. 19

位置：四方台西山梁。

意义：路线终点及山西组与石盒子组的分界点。

观察内容：

(1)利用地形图和罗盘确定二叠系山西组与石盒子组的分界点位置。

(2)观察山西组与石盒子组的接触关系及石盒子组底部砾岩、砂砾岩的岩性特征。

教学内容：

1. 利用地形图和罗盘确定二叠系山西组与石盒子组的分界点位置

打开地形图，在图上寻找适当的参照点，用罗盘定位，并利用地形地物来确定地质点在地形图上的位置。

2. 观察山西组与石盒子组的接触关系及石盒子组底部砾岩、砂砾岩的岩性特征

石盒子组底部可分为两种岩性，在凸起的山坡上多为砾岩，在路线终点的山沟处则为砂砾岩。砾石分选中至差，磨圆良好，砾石在不同部位含量不一，可能反映了水流方向和水动力条件多变的古河床沉积环境。石盒子组底部自下向上粒度逐渐变细，从砾岩—砂砾岩—含砾粗砂岩—砂岩的变化过程，反映了从河床到边滩的沉积序列(图 3-47)。

与石盒子组底部相接触的山西组顶部为灰黑色铝土质泥岩，沉积物颗粒细，含有较高的有机质，可能反映了河漫滩或泛滥平原沉积。

图 3-47　二叠系山西组与石盒子组的接触关系(王家生摄于 2003 年)

从地质时间尺度来说，石盒子组与山西组之间一般被认为是整合接触关系。但石盒子组河床砾岩或砂砾岩往往代表较强劲的水动力环境，因此其沉积过程中对下部山西组泥页岩肯定会造成不同程度的冲刷和侵蚀。

3. 地层信手剖面图训练

根据一年级学生能力，建议每个学生制作一段地层信手剖面，练习如何在野外作地质剖面图。石门寨西门外的石炭系—二叠系地层出露较好，岩性易辨，是一个练习地层剖面的好露头。

剖面中石炭系—二叠系的分组多以标志性厚层砂岩的出现为标准，其依据是由华北地台陆相、海陆交互相石炭系—二叠系地层特殊的沉积特征和沉积旋回所决定的。剖面中石灰系—二叠系多以陆相河流沉积为主，间夹海陆交互相沉积。一个完整的河流沉积序列一般由下部的河床粗碎屑沉积和上部河漫滩细粒沉积所组成。因此，河床中、粗粒砂岩或砂砾岩的出现往往反映了一个新的河流相沉积旋回的开始。在石门寨石炭系—二叠系剖面上，岩石地层单位“组”的划分主要是依据沉积旋回的变化（图 3－48）。

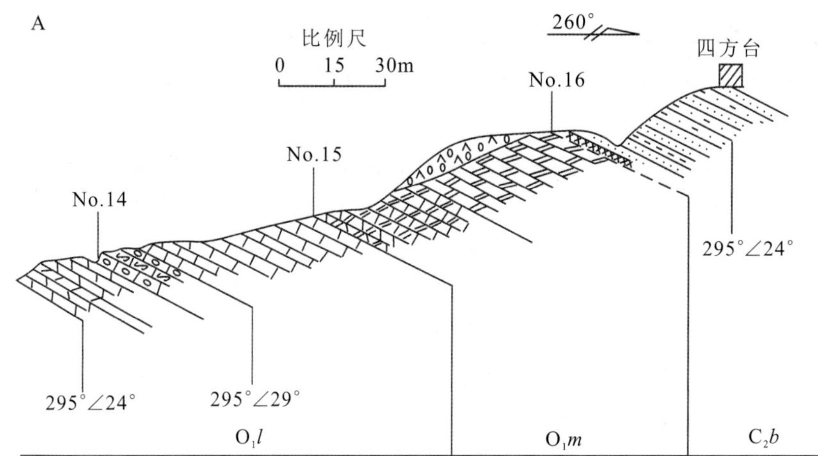

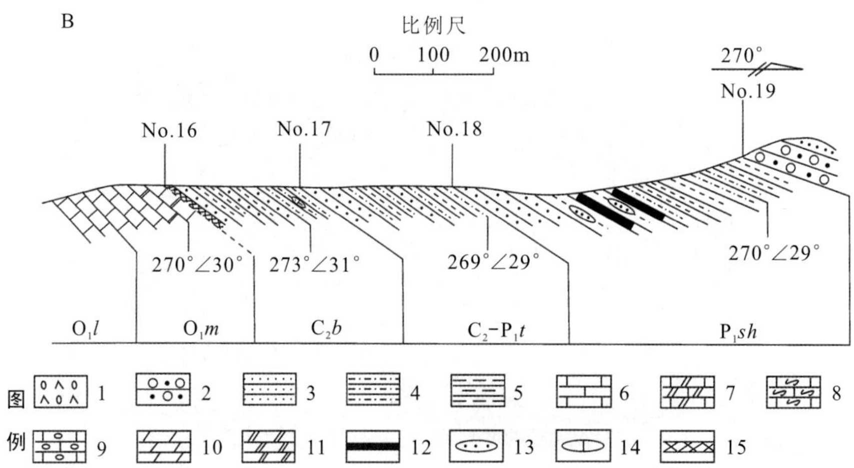

图 3－48　石门寨奥陶系—二叠系地层信手剖面图（据王永标，2003；赵建强等，2005 修改）

1. 人工堆积；2. 含砾砂岩；3. 砂岩；4. 砂质泥岩；5. 泥岩；6. 灰岩；7. 白云质灰岩；8. 泥质条带灰岩；9. 竹叶状灰岩；10. 泥灰岩；11. 白云岩；12. 煤线；13. 砂岩透镜体；14. 灰岩透镜体；15. 古风化壳

石门寨出露的地层剖面大致反映了华北地台古生代的沉积特征，因此需要指导老师对华北地台古生代的地质历史作一介绍。由于野外时间紧，不能对路线进行总结，因此学生在出野外前要对《古生物地史学》教程的华北古生代部分内容进行复习，指导老师回站后要及时总结野外观察内容和华北地台古生代海陆变迁及沉积历史。

另外，由于石门寨路线内容多，野外教学时间约需 4～5 小时，建议全体师生带午饭。

第八节　鸡冠山不整合、沉积构造、断层及其组合

路线：基地—鸡冠山—基地。

任务：

(1)观察新元古代地层及其接触关系。

(2)常见沉积构造观察描述及其沉积环境分析。

(3)观察节理构造、断层构造及其组合特征。

学生准备工作：

(1)预习地层接触关系类型及其形成过程。

(2)预习常见沉积构造类型。

(3)预习节理、断层概念、要素、性质及其组合类型。

(4)准备必要的爬山物品和装束。

NO. 20

位置：鸡冠山东北角山崖(或中部的山垭口)。

意义：新元古代地层及接触关系观察点。

观察内容：

(1)新元古代地层岩性。

(2)地层接触关系。

(3)断层(机动)。

教学内容：

1. 新元古代地层岩性

鸡冠山位于实习区北部柳江盆地的南端，是实习区新元古代地层保存较好的地点。山体主要岩性为新太古界的花岗岩，主要矿物为钾长石、石英和斜长石，其次有黑云母和角闪石等，中粗粒花岗结构，块状构造，是研究区最古老的岩体。新元古代地层分布于鸡冠山的顶部，地势陡峭。地层的层理明显，产状平缓，远似一个鸡冠矗立在山顶之上(图 3－49)，与下伏花岗岩之间呈不整合接触。

鸡冠山上出露的新元古代地层是一套浅海相砂岩，主要岩性有灰白色中厚层含海绿石石英砂岩、灰白色中厚层长石石英砂岩，夹薄层深灰色泥质粉砂岩和泥岩。地层只沿山顶分布，底部地层形成陡崖地形。在山顶东北角陡崖口和中部山腰处出露良好，与下伏花岗岩之间呈沉积不整合或非整合关系接触(nonconformity)。

2. 地层接触关系及其构造意义

地层接触关系可分为两类：整合(conformity)和不整合(unconformity)。其中不整合接触

图 3－51　鸡冠山新元古代地层的波痕(A)和交错层理(B)(王家生摄于 2003 年和 2004 年)

步认为是潮汐层沉积，说明该套地层的沉积环境水深不大。

本观察点教学过程中，鼓励学生对波痕和交错层理作素描或照相。

2. 正断层

观察点附近石英砂岩中发育一条断层(图 3－52)。断层面清晰，产状约 240°∠50°，之间充填断层角砾、断层泥和一块较大构造透镜体。断层带上宽下窄，厚约 15～40cm。两盘地层错位明显，地层破碎强烈。

根据断层带内部的构造透镜体的长轴指向、粉砂质夹层的牵引构造及断面的擦痕方向，判断该断层性质为正断层，即上盘下降、下盘上升，断距约 2m。

图 3－52　鸡冠山正断层(王家生摄于 2003 年)

该观察点断层构造现象清晰，要求学生绘制一幅正断层剖面图，重点标注断层面、两盘运动方向、构造透镜体和牵引构造等。

教学结束后，将学生带至鸡冠山山顶西侧，远观汤河地堑构造。

3. 地堑构造

地堑构造发育于鸡冠山西侧，汤河流经该地堑的中部，取名为汤河地堑。地堑的主要判断证据是新元古代地层表现出来的陡峭地势：陡崖底部即为新元古界与新太古界花岗岩的沉积不整合面。根据汤河东岸鸡冠山一侧的两个不同高度的不整合面露头位置和汤河西岸大平台一侧的两个不同高度的不整合露头位置，初步断定沿汤河东、西两侧发育两组正断层，之间构成公共下降盘，汤河流经其中(图 3－53)。

该教学点的地堑构造内容，以教师讲授为主。由于不能让学生亲自近露头观察，有关现象的分析和结论获得，需要进一步证实。建议以讨论方式讲授该部分内容，允许学生发表不同观点，启发学生的空间想象力。

图 3－53　汤河地堑景观(赵俊明摄于 2010 年)

第九节　七里海—翡翠岛泻湖和海岸沙丘

路线：基地—七里海—翡翠岛外沙滩—基地。

任务：

(1)七里海泻湖环境的观察。

(2)泥质、泥沙质、沙质环境海洋生物调查。

(3)海岸沙丘观察和成因分析。

学生准备工作：

(1)必要的野外实习用品。

(2)生物采集观察工具。

NO. 22

位置：昌黎县团林村西南侧。

意义：泻湖环境及生物观察点。

观察内容：

(1)七里海泻湖地形环境。

(2)泻湖泥沙底质生物种群分布。

教学内容：

1. 泻湖的概念

泻湖是指周围被陆地包围，但又与海相通的水域。泻湖属于滨海区沉积地形，因沙嘴、沙坝扩大相连成为与大海隔离的海湾。泻湖中海水可通过一定水道(潮汐口)与大海半连通，即高潮时与大海流通，低潮时与大海隔离。在不同气候区，因地表径流和海水对泻湖补给量的差异，使得泻湖中的海水盐度不正常，发生淡化或咸化，形成淡化泻湖和咸化泻湖。

2. 七里海泻湖的地形地貌

七里海位于秦皇岛市昌黎县团林村的西南侧，平面上呈山字形，与渤海相通的出水口为宽约50m的狭窄水道(图3-54)。目前，七里海泻湖长约3.0km，宽约2.0km，面积约6.0km²。七里海水体主要受潮汐影响，水动力条件很弱：涨潮时，海水涌入，水位升高，高潮时水深约2.1m；退潮时，水位下降，暴露出大面积的滩涂，低潮时水深约0.6m。另外，有稻子河、刘坨沟、泥井沟、赵家港沟四条季节性小河(或臭水沟)从北、西、南三面注入淡水，使水体淡化。因此，七里海是一个季节性淡化的泻湖。

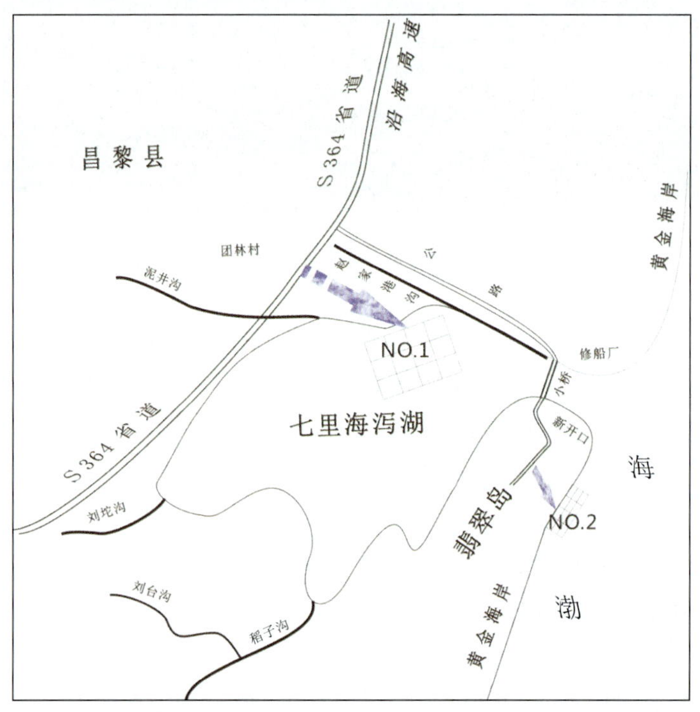

图3-54 七里海泻湖地形示意图

实习时乘车及观察路线如下：乘车从基地出发走京唐港沿海高速(S364省道)至翡翠岛公路路口(沿途有路标指示)处下车，步行从赵家港沟右侧(图3-54箭头NO.1所示)养殖场围堰上走至七里海泻湖沼泽(图3-54中泻湖内方格即图3-55所示)上观察泻湖地形与采集生物标本。

图 3-55 七里海泻湖中沼泽地带(马相如摄于 2010 年)

3. 泻湖的形成及其历史演变

七里海泻湖,曾名七里滩,《明史·地理志》称其为"溟海",以水域宽约七里得名。晚更新世晚期滦河由昌黎平原南部经七里海附近入海,滦河及饮马河冲积层构成了七里海泻湖的基底。全新世早期滦河西迁,随着滦河冲积扇——三角洲的废弃及冰后期海面的上升,七里海地区发育了海滩沉积。在全新世大暖期的中后期,约 6.5～5.0kaBP 的高海面时期,七里海地区与现今曹妃甸、打网岗等滦河废弃三角洲地区一样发育了滨外沙坝-泻湖体系。这一时期的滨外沙坝-泻湖开放性较好,类似于海湾-泻湖。5kaBP 以来,随着海面下降,广阔的海滩和滨外沙坝脱离海水,并在风力作用下,滨外沙坝被改造成滨岸砂丘。七里海泻湖亦逐渐由海湾-泻湖演变成由沿岸砂丘围封的半封闭泻湖,并进一步向封闭泻湖演变。

七里海的记载最早见于《明史·地理志》,记载表明,七里海在明代或其之前确已存在,并且湖面面积在不同时期有很大变化,有时长约七里,有时"延袤州余里"。清代康熙年间(1662—1722 年)七里海长约七里与现今相仿,与海相通,为一泻湖。乾隆年间(1736—1795 年)饮马河注入七里海,其面积增大数倍,也随之变淡,生长莲藕菱角,已变成一个面积较大的淡水湖泊。光绪九年(1883 年),滦河泛滥,其北支注入七里海,又因发生风暴潮,在河流和海洋双重动力作用下,泻湖东北角的沙丘被冲开一条水道,形成潮流通道,称为"新开口"。新开口形成后,海水随潮流进入七里海,七里海又与外海相通,变成了半封闭泻湖。从 20 世纪 20 年代至 60 年代,七里海外侧沙丘移动加快,七里海东侧的沙丘平均每年向西移动 2m 左右,七里海的面积随之缩小。

4. 七里海泻湖的生物特征

七里海泻湖是一个相对封闭的滨海湿地,泻湖海水夏季被河流雨水冲淡,冬季淡水注入很少,水体盐度变化范围很大,对生物种群分布有较大影响。泻湖的底质为泥沙质,但泥质成分大于沙质成分,有机质含量非常丰富,形成沼泽地带,易陷入。退潮时,有大量水鸟停栖在沙质含量相对较高的地方,多为候鸟和旅鸟,鸟群的存在使底表生物偏少。泻湖水位较高的地方有大面积的青蛤或文蛤养殖场，七里海附近湿地中还有许多虾池和海参养殖场。

七里海泻湖生物的总体特征是：生物种类较少，群落单一，但是单个物种的数量和密度非常大，并呈现集群分布。其原因主要是由于围堰造池等人类养殖活动的干扰与破坏，化学污染，鸟群的存在以及水位与盐度的频繁变化等造成的恶劣环境和生存条件。

七里海泻湖中鸟类主要有黑尾鸥、黑嘴鸥、海鸥、燕鸥、东方白鹳、鹗鸬等；节肢动物主要有圆球股窗蟹、双扇股窗蟹、日本大眼蟹、宽身大眼蟹、豆形拳蟹、隆线拳蟹、天津厚蟹、圆十一刺栗壳蟹、哈氏美人虾、日本美人虾、日本寄居蟹等；软体动物主要有中国绿螂、渤海鸭嘴蛤、中华青蛤、凹线蛤蜊、凸镜蛤、菲律宾蛤仔、橄榄紫蛤、紫石房蛤、红明樱蛤、异白樱蛤、长竹蛏、大竹蛏、缢蛏、薄荚蛏、扁玉螺、微黄镰玉螺、乳头真玉螺、古氏滩栖螺、纵带滩栖螺、习见织纹螺、纵肋织纹螺、红带织纹螺等；环节动物主要有日本刺沙蚕、异足索沙蚕、澳洲鳞沙蚕等（图 3-56）。此外，偶尔还可采集到腕足动物门的海豆芽，以及扁形动物门的网平角涡虫等。在海水很少浸沐的高潮线附近的沼泽中，生长有碱蓬等耐盐植物。

七里海泻湖中部分常见生物的特征描述如下：

(1)中国绿螂(*Glaucomya chinensis*)：属于软体动物门，双壳纲，真瓣鳃目，绿螂科。贝壳长卵圆形，薄，前端圆，后端尖瘦而略呈截形，壳高约为壳长的 2/3，楯面宽，小月面不明显，铰合部狭长，两壳各具主齿 3 枚，壳面被有绿色或褐绿色壳皮，生长线细，无放射肋，两壳闭合时后端留一狭缝以伸出水管。生活于潮间带上区泥滩内，喜半盐水。

(2)渤海鸭嘴蛤(*Laternula marilina*)：属于软体动物门，双壳纲，真瓣鳃目，鸭嘴蛤科。贝壳为长卵圆形，壳质薄脆，极易破碎，壳宽约为壳高的 3/4，两壳闭合时，前后端开口，壳面光滑，无放射肋，具较粗的生长线。铰合部无齿，左右两壳均具薄的隔片及游离的石灰质片，并具一匙状韧带槽，壳表面白色，带有云母光泽。生活于潮间带泥沙滩中，肉可供食用。

(3)中华青蛤(*Cyclina sinensis*)：属于软体动物门，双壳纲，真瓣鳃目，帘蛤科。贝壳近圆形，壳质坚厚。壳顶突出，略向前方弯曲。无明显的小月面；楯面狭长，披针形，为外韧带所覆盖；韧带黄褐色，不突出壳面，壳缘为圆形。两壳相等，关闭时极严密。两壳极膨胀，放射肋不显著，只在较大的个体才隐约可见细密的放射肋；生长线自壳顶开始向壳缘逐渐变粗。壳外面青黑色，内面白色。除铰合部外，壳边缘具有一列整齐的小齿。外套窦深，生活于潮间带泥沙滩，肉味鲜美，为重要的经济贝类。

(4)日本镜蛤(*Phacosoma japonica*)：属于软体动物门，双壳纲，真瓣鳃目，帘蛤科。壳扁平近圆形，壳质坚厚，长度略大于高度，小月面凹陷、心脏形，楯面狭长，铰合部宽。左壳具 3 枚主齿，前方两枚成“八”字形排列，后端一枚长而薄，几乎与中间一枚平行。壳表面白色，无放射肋，但具多而密的生长线；壳内面白色，具一长而尖呈圆锥形的外套窦，末端达壳之中央。生活于潮间带中区，其肉可供食用。

(5)紫石房蛤(*Saxidomus purpuratus*)：属于软体动物门，双壳纲，真瓣鳃目，帘蛤科。壳泥土色、顶端铁锈色是其显著特征，壳内面暗紫色。卵圆形，壳顶突出，尖端小，壳顶与前端距离为壳长的 2/5。壳前端圆形，后端背部略直，转向腹面呈截形，腹缘弧形。壳关闭时前腹面有狭长缝供足伸出，水管由后端宽开口伸出。无放射肋，粗大明显生长线由壳顶呈同心圆排列，黑褐色韧带强大、突出。

(6)长竹蛏(*Solen gouldii*)：属于软体动物门，双壳纲，真瓣鳃目，竹蛏科。贝壳窄而长，壳顶位于壳之最前端，不突出。韧带黑褐色，窄而长，约为壳长的 1/5。壳前缘呈截形，略倾斜；

图 3-56　七里海泻湖典型生物（马相如摄于 2010 年）

后缘截形，与前缘几乎平行；背、腹缘直，相互平行。铰合部小，两壳各具主齿一枚。壳表面被黄褐色表皮，具光泽，腹缘和后缘壳皮向壳内面卷包。生长线明显、细腻，后端略显粗糙。壳内面白色或淡黄褐色。

（7）薄荚蛏（Siliqua pulchella）：属于软体动物门，双壳纲，真瓣鳃目，竹蛏科。贝壳长椭圆形，侧扁。壳顶位于壳背侧前方，至前端的距离约为壳长的 1/4，微突出于壳背缘。壳背缘直，前、后缘圆形，腹缘略突。韧带黑褐色，狭长，前端尖，后端钝。铰合部狭窄，左右壳各具主齿 2 枚。壳表面被黄褐色表皮，具光泽，壳顶部磨蚀，边缘卷包壳缘。生长线细腻。壳内面淡紫色。栖息于潮间带泥沙滩。

（8）缢蛏（*Sinonovacula cpnstricta*）：属于软体动物门，双壳纲，真瓣鳃目，竹蛏科。贝壳长方形，壳质薄而脆。壳顶位于背缘偏前方，距前端距离为壳长的1/3左右。背、腹缘平直，几乎平行，前、后缘均为圆形。两壳闭合时，前后端均有开口。韧带短而突出，铰合部狭小。生长线均匀，壳顶至腹面具1条斜钩。壳表面具黄绿色表皮，壳内面白色。外套痕显著，外套窦宽大，前端圆形。

(9)日本大眼蟹(*Macrophthalmus japonicus*)：属于节肢动物门，甲壳纲，十足目，沙蟹科。头胸甲长方形，宽度约为长度的1.5倍。体呈褐绿色，表面有颗粒及软毛，甲壳中央部有一短的横沟，上部两侧各有两条横沟。眼柄细长，但短于体长，眼眶背缘有大齿。螯足发达，两指间空隙很小。四对步足中以第二对最长，第四对最短。喜穴居于潮间带的泥沙滩上。

(10)宽身大眼蟹(*Macrophthalmus abbreviatus*)：属于节肢动物门，甲壳纲，十足目，沙蟹科。头胸甲横宽长方形，宽度约为长度的2.5倍，前半部又宽于后半部。体呈棕绿或棕褐色，表面具颗粒，前侧缘有长毛。甲壳中部的横沟较浅，前方两侧各有两条较深的横沟。眼柄细长，长度约等于体长。螯足发达，两指间空隙很大。雄性螯足强大，雌性螯足小。四对步足中以第三对最长，第四对最短。喜穴居于潮间带的泥沙滩上。

(11)豆形拳蟹(*Philyra pisum*)：属于节肢动物门，甲壳纲，十足目，玉蟹科。头胸甲呈半圆球形。壳坚厚，浅褐色或青色，腹面为淡棕色或黄白色。背面甚隆起，额部较突出。在头胸甲与螯足的表面分布有许多细颗粒状突起。螯足强大，但雌性螯足较小。四对步足均细弱。生活于低潮线的泥沙滩上，爬行迟缓，易于捕捉。

(12)圆十一刺栗壳蟹(*Arcania novemspinosa*)：属于节肢动物门，甲壳纲，十足目，玉蟹科。头胸甲圆形，背面具稀疏细颗粒，中部隆起，肝、鳃及肠区明显可辨。额突出，前缘中央由一“V”型缺刻分成两枚锥形刺，其末端稍钝。边缘共有11刺，每侧前3枚较小，后缘两端的刺钝而宽。雄性腹部呈长三角形，雌者长卵圆形，腹面的颗粒均较稀少。

(13)日本刺沙蚕(*Neanthes japonica*)：属于环节动物门，多毛纲，沙蚕科。体前端略粗，后端渐细。触手短，触角粗大，眼两对甚明显，呈梯形排列。疣足背刚毛全部为等齿刺状，腹刚毛有刺状和异齿镰状刚毛。体后部疣足腹叶还有1～2根特殊的简单刚毛。分布于潮间带软泥底质中，数量常很大，为污水指示生物。

(14)异足索沙蚕(*Lumbriconeris heteropoda*)：属于环节动物门，多毛纲，索沙蚕科。体极细长，呈圆柱状。口前叶为圆锥形，长与宽几乎相等，无触手、触角及眼点。疣足相对退化，刚毛全部为简单型和翼状、头巾状。生活时体呈肉红色，具金属光泽。栖于潮间带泥沙中，极易自截。

(15)澳洲鳞沙蚕(*Aphrodita australis*)：属于环节动物门，多毛纲，鳞沙蚕科。俗称海毛虫，为大型多毛类。体灰褐色，椭圆形，体背面完全被疣足背叶特化的大量毡状毛所盖覆，因而极易辨认。

(16)海豆芽(*Lingula anatina*)：属于腕足动物门，无铰纲，无铰目，海豆芽科。外形似豆芽，体有背腹两枚形态相似的壳，均为长方形。壳长21～35mm，壳为绿色，壳面光滑，生长线均匀而细致，十分美丽。两壳籍肌肉相连，无铰合部，壳的上端覆有较长的白色刚毛。柄为圆柱状乳白色或肉色，十分细长，柄长约为壳长的2.5倍，极富收缩性，柄后端能分泌黏液，以固着于泥沙。常见于潮间带低洼处，营埋栖生活。

5. 泻湖沼泽中生物爬行及埋栖动作的观察

生物专业的学生一定要注意观察大眼蟹、豆形拳蟹、美人虾等生物的爬行动作与钻穴方式，以及竹蛏、渤海鸭嘴蛤、青蛤等软体动物的埋栖动作与埋栖深度。例如，在赵家港沟中隆起的沙丘上有100多个螃蟹洞，当实习师生从沟旁海参养殖场围堰上经过时，上百个日本大眼蟹同时钻出洞口，在洞口转了一圈之后又立即钻回洞穴，全过程动作迅速，整齐划一，给人留下深刻印象。

6. 七里海泻湖生态环境破坏现状及原因思考

多年来，七里海一直保持着滨海湖泊、沼泽的湿地自然景观，它是渤海在华北平原残留下来的众多泻湖之一，在保护生物多样性、净化空气、调节河川径流、补给地下水、改善气候和维持区域水分平衡中发挥着重要的作用。但是，近年来由于气候变化和人类活动的影响，七里海泻湖的生态环境已经发生了很大变化，主要表现在以下几个方面：

(1)七里海泻湖的淡水水源逐渐枯竭。七里海淡水水源有二：一是本地天然降水，二是外来客水。本区降水量平均为695.6mm，而年平均蒸发量为1 780.7mm，比年降水量多1.56倍。外来客水主要由泻湖西侧和西北侧的稻子沟、刘台沟、刘坨沟、泥井沟、赵家港沟五条小河注入，而这五条小河均为季节性河流，水系流域面积486.6km^2，多年平均入湖径流量仅为$2.61\times10^7m^3$。近些年来，气候持续干旱，入湖径流几乎近于零，水资源短缺尤为严重。照此下去，七里海泻湖将不复存在。

(2)七里海泻湖的纳潮量逐渐减少。七里海泻湖是一个半封闭泻湖，近岸海水必须通过七里海潮流通道才能补给七里海。该通道为一长约2 000m，宽200～400m的狭长水道，因其北岸建有新开口渔港和渔船修造厂，对七里海潮流通道起到了明显的“渠化”作用，使原宽400m的天然潮流通道缩为200m左右的“水渠”，而“水渠”与泻湖的唯一连接处为一挡潮蓄水闸。防潮闸的修建，进一步束窄了潮流通道，大大减少了泻湖的纳潮量，并改变了泻湖的纳潮过程，加速了泻湖的淤积，必然导致七里海面积急剧减少。

(3)七里海围堰建池养殖。由于泥沙自然淤积以及不合理的人为开发，七里海泻湖正在严重萎缩。自20世纪80年代起，对七里海泻湖进行了围堰建池养殖“运动”，养殖面积逐年增大，泻湖自然水域不断遭受侵占，到2005年围堰建池面积达到1 128.4ha，养殖面积已遍布七里海四周。随着围湖养殖范围的不断扩大，七里海水面面积已减少到不足3km^2，水深进一步淤浅，低潮时仅在潮沟内有少量水面。基本上接近沼泽化阶段。渤海涨潮，海水淹没泻湖；退潮后，湖底大部分出露。如果继续让其自然淤积，再过若干年，水面将逐渐消失。另外大面积养殖业的发展，饵料投入也加速了泻湖污染的进程。

(4)七里海水体污染。近年来随着七里海周围村镇建设、人口增加和工业的发展，生活污水和部分工业废水未经处理直接通过泻湖西侧和西北侧的稻子沟、刘台沟、刘坨沟、泥井沟、赵家港沟排入泻湖；另外在泻湖外围分布大面积的农田，由于化学肥料的使用，农田地表径流引发的非点源污染也成为七里海泻湖水污染的原因之一。

(5)七里海泻湖的整体环境遭到破坏。七里海泻湖面积的不断缩小已经导致这里的生态环境日益恶化。过去，这里曾是多种鱼虾繁殖的场所，有过丰富的水产资源，带鱼、青鳞鱼、黄鱼、梭鱼、鲅鱼、鲈鱼以及梭子蟹、对虾等都曾以此为栖息繁殖地，现在，湖内原有水生生物种类已大为减少或绝迹，以鹬类和鸥类为主的鸟也大为减少，游泳动物仅剩梭鱼、鲈鱼等。七里海泻湖整体环境的变化，有一定的代表性，它表明一旦人与自然关系调控失衡，就会使环境变得十分糟糕。

NO. 23

位置：昌黎县翡翠岛东侧外沙滩。

意义：黄金海岸和沙丘观察点。

观察内容：

（1）黄金海岸沙滩与沙丘。

（2）沙滩生物与贝壳。

教学内容：

1. 翡翠岛黄金海岸的概述

在昌黎县黄金海岸旅游区南端，秦皇岛至京唐港沿海公路东侧，距河北著名风景旅游区北戴河海滨 40km 处有一个美丽神奇的小岛，这里沙山连绵起伏，陡坡交错，若偶然登上沙山远眺，山下片片槐林苍翠欲滴，就像镶嵌在金色沙山上的翡翠一样迷人。早在 20 世纪 80 年代，中国科学院地理研究所的专家们就把这块风景绝佳的宝地命名为“翡翠岛”，附近的海滩则称为“金沙滩”。

翡翠岛位于昌黎县黄金海岸南部，是一座由黄色细沙和绿色植被相间构成的半岛，是我国七个国家级海洋类型自然保护区之一。岛上沙山连绵起伏，陡缓交错。最高处达 44m，方圆 $7km^2$，素有“京东大沙漠”之称。由于这里独特的自然地理环境，形成了国内独有、世界罕见的海洋大漠风光。50 年代风靡全国的电影《沙漠追匪记》便是在这里拍摄的。连绵起伏的沙丘与碧海、蓝天、绿林共同构成一幅罕见的海洋沙漠景观（图 3－57）。

图 3－57　翡翠岛黄金海岸与沙丘（王家生摄于 2010 年）

翡翠岛上绿树葱郁，浓荫覆盖，恰似一块镶嵌在湖边的翡翠。从 40m 高的沙山顶端乘滑板飞驰而下，直面扑向大海，可同时领略滑沙、滑水、游泳三种乐趣。岛上环境优雅，景色怡人，景区附近栖息了几乎全国 1/3 以上的鸟类，其中属于国家重点保护的鸟类就有 68 种之多，您定会欣赏到栖息在此处的“世界珍禽”黑嘴鸥。被动物分类学家誉为“活化石”的文昌鱼，在浅海 15m 等深线附近密度达到 1 035 尾/m^2，想想能够与这些“活化石”同在一个区域游泳，这不能不使你感到震撼。翡翠岛是国家级海洋自然保护区，非常适合从事科普、旅游、休养活动。翡翠岛是一个宝岛，是黄金海岸的一颗明珠。

翡翠岛距京沈高速公路抚宁县出口处 40km，距秦皇岛 50km，有公交车直达黄金海岸，然后乘中巴车到翡翠岛，位置在秦皇岛至京唐港沿海公路东侧，沿途有路标。

2. 观察路线

乘车至翡翠岛景区门前下车，步行从翡翠岛景区门前 200m 处海参养殖场围堰（图 3-54 箭头 NO. 2 所示）上走至翡翠岛东侧外沙滩上即可。注意：沿途草丛中经常有蛇出现。

3. 翡翠岛东侧外沙滩生物与贝壳的采集与观察

翡翠岛东侧外沙滩上常可捡到许多美丽的、稀有的、庞大的贝壳。如栉孔扇贝、沙海螂、脆壳全海笋、西施舌、日本镜蛤、九州斧蛤、青蛤、凹线蛤蜊、凸镜蛤、菲律宾蛤仔、橄榄紫蛤、毛蚶、魁蚶、四角蛤蜊、中国金蛤、寻氏肌蛤、紫贻贝、厚壳贻贝、文蛤、丽文蛤、紫石房蛤、红明樱蛤、异白樱蛤、长竹蛏、大竹蛏、扁玉螺、脉红螺、香螺、斑玉螺、托氏蜎螺、大连湾牡蛎、僧帽牡蛎、密鳞牡蛎、猫爪牡蛎等。

沙滩上的螃蟹主要有痕掌沙蟹、红线黎明蟹、圆球股窗蟹、日本大眼蟹等，其他节肢动物有毛虾、对虾、钩虾、异钩虾、跳虾、长臂虾、美人虾、麦秆虫、水虱等。浅水中的小鱼有弹涂鱼、鰕虎鱼、青鳞鱼、梭鱼、黄鱼等。退潮时，还可在沙滩上捡到棘皮动物门的沙海星、罗氏海盘车、海燕、马粪海胆、刺参、丛足瓜参、钮细锚参、海棒槌等，腔肠动物门的海月水母、瘤手水母、钩手水母、夜光游水母、多管水母、海蜇、籁枝螅、黄海葵、沙海葵、绿海葵、海仙人掌等。沙滩上可观察到的海藻有绿藻门的海白菜（石莼）、孔石莼、鹿角菜、羽藻、丝藻、肠浒苔、条浒苔等；红藻门的二叉仙菜、江蓠、鸭毛藻、红翎菜、石花菜、海膜、海头红等；褐藻门的马尾藻、鼠尾藻、网地藻等。环节动物有巢沙蚕、日本刺沙蚕、柄袋沙蚕，一些贝类的壳上还生活有内刺盘管虫、有孔右旋虫等。此外，还有日本矶海绵、日本枪乌贼、长蛸、短蛸、寄居蟹、柄海鞘、海马、太平洋网孔苔虫、西方三胞苔虫、牡丹网格苔虫等动物，文昌鱼现在已经很难看到（图 3-58，图 3-59）。

翡翠岛东侧外沙滩潮间带中部分生物的特征描述如下：

(1)痕掌沙蟹(*Ocypode stimpsoni*)：属于节肢动物门，甲壳纲，十足目，沙蟹科，沙蟹属。表面隆起，密布颗粒。眼窝大，眼柄粗而短。螯足不对称，两指内缘具锯齿。腹部雄性窄长，雌性宽圆。生活于潮间带沙滩上，穴居，穴道斜而深。体色与沙色相同，行动迅速，俗称"沙马子"。

(2)红线黎明蟹(*Matuta planipes*)：属于节肢动物门，甲壳纲，十足目，馒头蟹科，黎明蟹属。头胸甲近圆形，背面中部具 6 个不明显凸起，密布由红点组成的网状花纹。步足指节扁宽，末端尖，第一和第四对步足更为宽大，呈桨状，适于潜入沙中或游泳。体呈淡黄色，具瓷质光泽，在红色网纹相映下十分艳丽。主要生活于潮间带浅水沙岸。

(3)哈氏美人虾(*Callianassa harmandi*)：属节肢动物门，甲壳纲，十足目，美人虾科，俗名蝼蛄虾。多穴居沙泥底质，高潮线附近较平坦处甚多。

(4)虾蛄(*Squilla oratoria*)：属节肢动物门，甲壳纲，口足目，虾蛄科，虾蛄属，形状像琵琶，因此又名琵琶虾，多在低潮线的泥沙中。虾蛄身体窄长筒状，略平扁，头胸甲仅覆盖头部和胸部的前 4 节，后 4 胸节外露并能活动。有 1 对带柄的复眼。这两个体节在头部前端能活动。腹部宽大，共 6 节，最后另有宽而短的尾节，与腹部最后 1 对附肢构成尾扇。第二对附肢很大，形似螳螂的前足，故英文名意为螳螂虾。

图 3-58　翡翠岛东侧外沙滩上部分生物或贝壳（王红梅摄于 2005 年）

(5)沙海螂(*Mya arenaria oonogai*)：属于软体动物门，双壳纲，真瓣鳃目，海螂科。贝壳长椭圆形，壳质坚厚，壳高约为壳长的 3/5。贝壳前端钝圆，后端略尖，无小月面及楯面，铰合部形态特殊，左壳壳顶内面生出一匙形骨片，伸达右壳壳顶下方的圆形凹陷内。壳表面被有极易脱落的黄褐色壳皮，壳面生有凸凹相同的同心轮脉，致使壳面较为粗糙。两壳关闭时，前后方均有一开口，生活于潮间带泥沙滩中。

(6)脆壳全海笋(*Barnea fragilis*)：属于软体动物门，双壳纲，真瓣鳃目，海笋科。两扇壳一样大，薄且脆，前端有锯齿、副壳、水管(也称为触须)，这水管很像一条肥大粗壮的肉管子，当

图 3-59　翡翠岛东侧外沙滩上部分生物(杨晓菁摄于 2009 年)

它寻觅食物时便伸展出来,形状宛如象拔一般,故得象拔蚌之美名。其食用部分主要取其拔(水管),其拔肉色洁白,肉质细嫩,口感清鲜甜美,被视为名贵滋阴海鲜美味品种之一。

(7)西施舌(*Mactra spectabilis*):属于软体动物门,双壳纲,真瓣鳃目,帘蛤科。贝壳大,略呈三角形,较薄。壳顶位于贝壳中部稍靠前方。腹缘圆,壳表具有黄褐色发亮的外皮。顶部淡紫色。生长纹细密而明显。贝壳内面淡紫色,壳顶部颜色较深。铰合部宽大。前闭壳肌痕近方形,后闭壳肌痕卵圆形。生活在潮间带下区和浅海的细沙滩。珍贵的海产食品。

(8)四角蛤蜊(*Mactra quadrangulari*):属于软体动物门,双壳纲,真瓣鳃目,蛤蜊科。贝壳略呈四角形,两壳极膨胀。壳顶突出,向内卷曲。壳顶前、后的背缘均呈弧形,只在与腹缘相交处略呈钝角,腹缘弧形。小月面及楯面均宽大,小月面心脏形,外韧带不发达,呈褐色膜状,内韧带发达,三角形。壳表面具灰绿色或棕黄色壳皮,壳顶常呈剥蚀状,生长线很明显,并常有数条凹凸不平的同心环。无放射肋,壳内面白色略具光泽。

(9)寻氏肌蛤(*Musculus senhousei*),又名凸壳矶蛤,或水彩短齿蛤:属于软体动物门,双壳纲,异柱目,贻贝科。俗名薄壳,因壳薄故名。壳小型,质薄,壳表面具黄褐色或绿褐色壳皮,壳皮下具有棕色或紫褐色波纹状花纹,又以背部最为明显,故容易辨认。以足丝营固着生活于潮间带泥沙滩或石隙间。

(10)九州斧蛤(*Tentidonax kiusiuensis*):属于软体动物门,双壳纲,真瓣鳃目,斧科。小型双壳类,壳长三角形,薄而脆,壳长约 10mm,壳面光滑,白色具光泽,一般有两条自壳顶放射的、不太宽的浅棕色带。外套窦宽,顶端圆,约伸至壳中央。生活于潮间带沙质海底,数量较大。

(11)中国金蛤(*Anomia sinensis*) ,又名中国不等蛤或李氏金蛤:属于软体动物门,双壳纲,异柱目,不等蛤科。壳近圆形,壳质极薄。半透明,左右两壳不等大,左壳大而外凸,右壳小而平,壳顶无铰合齿。生活时以足丝固着于岩石或其他物体上,因其贝壳表面常呈金黄色或黄白色具云母光泽故名“金蛤”。

(12)柄海鞘(*Styela clava*):属于尾索动物门,海鞘纲,柄海鞘科。成体呈长椭圆形,基部以柄附着在海底或被海水淹没的物体上,另一端有两个相距不远的孔:顶端的一个是入水孔,孔内通消化管而中间有一片筛状的缘膜,其作用是滤去粗大的物体,只容许水流和微小食物进入消化道;位置略低的一个是出水孔,两孔之间是柄海鞘的背部,对应的一侧为腹部。一般情况下,水流从入水孔进,出水孔出;但是在遭遇刺激或惊扰时两个孔可同时喷水。

(13)海马(*Hippocampus japonicus*):属于脊椎动物亚门,硬骨鱼纲,海龙目,海龙科。体形很小,略侧扁。头部小刺及体环上棱棘发达。体冠较小,有不突出的钝棘。吻短口小。鳃盖突出而光滑,鳃孔小,位于鳃盖后方。体暗褐色,有时可随环境而变化。

(14)海棒槌(*Paracaudina chilensis ransonnetii*),又名海老鼠:属于棘皮动物门,海参纲,尾参科。体棒槌形,有细长尾部;淡红色,体壁透明,可窥见 5 列纵肌带。无管足,肛门周围有 5 组小疣,口周围 15 个触手末端有 4 个指状小枝。穴居于潮间带沙滩中,埋栖深度 20~50cm,身体斜卧沙内,尾部穴口常聚有一堆泥沙,头部穴口凹陷状。为我国黄海、渤海沙滩习见种类。

(15)肠浒苔(*Enteromorpha intestinalis*):绿藻门,石莼科,浒苔属。藻体绿色,管状,膜质,单条或基部有少量分枝,常有皱褶或扭曲,上部膨胀成肠形。青岛、烟台等地有分布。生活于中、低潮带岩石上。

(16)江蓠(*Gracilaria verrucosa*):属红藻门,真红藻纲,杉藻目,江蓠科,江蓠属。江蓠的外形多呈圆柱状,少数种类扁平或呈叶状。藻体直立,丛生或单生。体高由几厘米到 1m 以上。分枝疏密不等,互生、偏生或分叉。分枝基部有的缢缩,枝的顶端尖细或钝圆。固着器多呈盘状,边缘整齐或呈波形。江蓠是提取琼胶的主要原料。

第四章　野外地质工作基本方法和技能

第一节　地形图、罗盘和放大镜的使用方法

一、地形图的使用

1. 地形图一般特征

地形图是将地形和地物等按设定的比例投影在平面上表示地形起伏变化的图件，是地表地形、地物空间位置的实际反映。地形图按比例尺可分为大比例尺地形图（大于1∶5万）、中比例尺地形图（1∶5万～1∶25万）、小比例尺地形图（小于1∶25万）三个类别。地形图既是重要的国家机密图件，必须按照国家的相关法规依法使用，并承担相应的保管责任，也是野外地质工作者的向导和野外收集原始资料和最终地质成果的重要载体。

地形图上地形的起伏变化通常用等高线来表示。等高线具有以下几个特点：①同线等高；②自行封闭；③在同一张地形图内，相邻两根等高线之间始终存在一个恒定的垂直高差值，即等高距。因此，等高线不能相交，不能合并（除悬崖、峭壁外）。在地形图中不同地形的等高线所表示的疏密和弯曲样式不同。如下是一些典型地形的等高线表示方法（图4-1）。

图4-1　山峰、山谷、山脊、鞍部、绝壁、山坡及河谷的地形（A）与地形图（B）比较识别（程捷等，1997）

山峰：等高线表现为一组近似于同心状的闭合曲线，且等高线的高程注记从里向外数据依次递减。

盆地（洼地）：等高线表现为一组近似于同心状的闭合曲线，且等高线的高程注记从里向外数据依次递增。

山脊、山谷和山坡：山脊等高线表现为一组向递减方向凸出的曲线，每一条等高线改变方向处的连线就是山脊线。山谷与河谷的等高线表现为一组向递增方向凸出的曲线，曲线改变

方向处的连线就是山谷线。山谷和山脊之间的侧面就是山坡,等高线表现为一组近于平行的曲线。

鞍部:两山头之间的低洼处,形似马鞍,称为“鞍部”,其等高线特征是一组双曲线。

绝壁:从实际地形来看,它是近于直立的垂直面,由于不同高程的等高线经垂直投影后合而为一,故只能用规定的绝壁符号表示。

陡坡和缓坡:陡坡等高线距较密,而缓坡则相反,等高线距较稀。

2. 读地形图

地形图是野外作业必备的基础资料,用好地形图首先要读懂地形图上的内容。读图目的是为了了解、熟悉工作区的山川地貌和道路村庄的分布情况,以便制定出适合该地区野外地质工作的计划和路线,既能保证野外地质工作的安全,又有利于保证野外地质工作的质量,取得最大的工作效果。读地形图的一般顺序是先图框外,后图框内。其步骤如下:

读图名:图名位于图幅的正上方,通常是以图内最重要的地名来命名,如某地区 1∶5 万地形图就被命名为《周口店幅》。

了解比例尺:从比例尺可以了解图幅面积的大小,地形图的精度及等高距,比例尺一般用数字或线条表示。

地形图的图幅位置:地形图上坐标纵线表示地理南北方向,纬度线表示地理东西方向,从图幅上所标注的经纬度可以了解地形图的地理位置。在图幅的左上角标有接图表,表示与相邻图幅的相邻位置关系。

读磁偏角:在不同的地区有不同的磁偏角。在开始野外地质工作前,首先要校正罗盘的磁偏角,以便罗盘测出的方位与实际的地理方位一致。

读图例:图例一般标在图框的右侧,用不同的符号表示图内不同的地形、地物或特殊标志物。

了解绘图时间:一般标注在图框外的右下角,伴随制图技术的发展,时间越晚,图件制作的精度越高。

3. 地形图的应用

地形图在野外地质工作中主要起到以下几个方面的作用:

布置观察路线:布置野外地质观察路线既要考虑到地质内容,也要考虑到地形情况。地形的陡缓将直接影响地质露头的好坏和徒步穿越的可能性和安全性。陡壁、河谷、公路旁常常有较好的露头,是野外地质工作常往的地方。尽管如此,还是应当尽量选择从它们的旁边选择地质露头好、便于步行、又省力的观察路线。

在地形图上标注地质观察点:在进行野外地质工作时,除了对野外观察到的地质现象要进行详尽的文字描述外,还要记录观察点的位置并标注在地形图上,这种操作就叫定地质点。在野外确定地质点是科学地质工作程序中最基础的工作,否则失去地质点支撑的地质记录将毫无价值。在野外地质工作中常用的定点方法有两种,它们是地形地物定点法和后方交会定点法。

(1)地形地物定点法就是根据观察点与在地形图上标注的特殊地形、地物的相对位置关系确定观察点位置的方法。该方法简单、准确、便捷,是野外地质工作常用的定点法。

(2)后方交会定点法常用于观察点附近没有明显的地形地物标志的时候,其方法是观察者首先瞭望可以搜索到的所有明显的标识物(如山头、三角点、建筑物等),然后在图上读出标识物在图中的位置，选择其中易于测量和作图的两个标识物 A、B 及其在地形图上的位置 A′B′，用罗盘测出标识物 A、B 的方位角 α 和 β，在地形图上分别以 A′B′点为原点，坐标纵线为一边用量角器量出 α 和 β 角并作直线相交，交点即为观察者所在的观察点（图 4－2）。

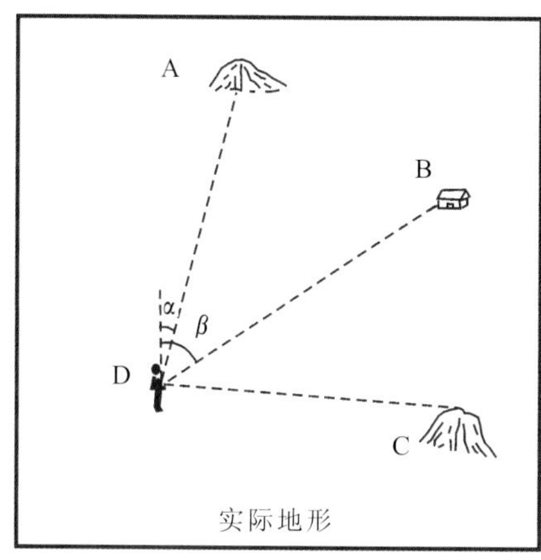

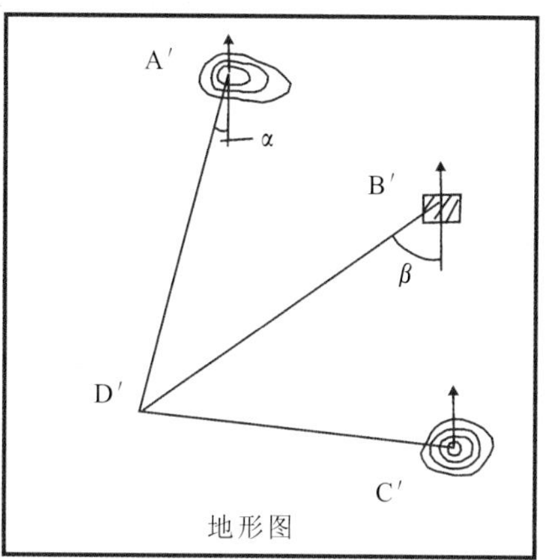

图 4－2 后方交会定点示意图法（程捷等，1997）

利用地形图制作地形剖面：在野外路线地质工作中，为了形象地表达观察到的地质内容，常常要做一些信手地质剖面图。制作这类图件可以在地形图上读出预定的地质路线，按照设定的比例尺在野外记录簿方格纸页上作出“图切”地形剖面，作为野外观察和修正的基础图形。在野外作业中，再根据实际地形作出修正并把观察到的地质内容对应地绘制到地形剖面图上，就制作成功一幅信手地质剖面图。

作为地理底图编绘地质图：有关利用地形图作为底图编绘地质图的知识将在后续课程和野外地质实践教学中训练。

二、罗盘的使用方法

地质罗盘（简称罗盘）是地质工作者野外地质工作中必备的工具，借助它可以测量方位、地形坡度、地层产状、确定地质点等，因此每一个地质工作者都应熟练地掌握罗盘的使用方法。

1. 罗盘的结构及功能

罗盘的式样很多，但结构基本是一致的。我们常用的罗盘是八角罗盘，有磁针、刻度盘、瞄准器、水准器等组成（图 4－3）。他们的主要功能如下：

磁针：为一根两端尖的磁性钢针，安装在底盘中心的顶针上，可自由转动，用来指示南北方向。由于我国位于北半球，磁针两端所受磁场吸引力不等，为求磁针受力的平衡，生产商在磁针的指南针一端绕上若干圈铜丝，用来调节磁针受力的平衡，同时也可以借此来标记磁针的南、北针。

圆刻度盘：也称水平刻度盘，用来读方位角。在测量时，由于地形地物是固定的，而测量操作时磁针也始终指向南北。测量者只能转动罗盘，当罗盘向东转时，磁针相对向西偏转。故罗盘刻度盘度数的标注按逆时针方向刻注度数，这样就能从刻度盘上直接读出实际的地理方位。

半圆刻度盘：也称竖直刻度盘，刻在罗盘的方向盘上，用来测量倾角和坡度角。半圆刻度盘以水平为 0°，以垂直为 90°。

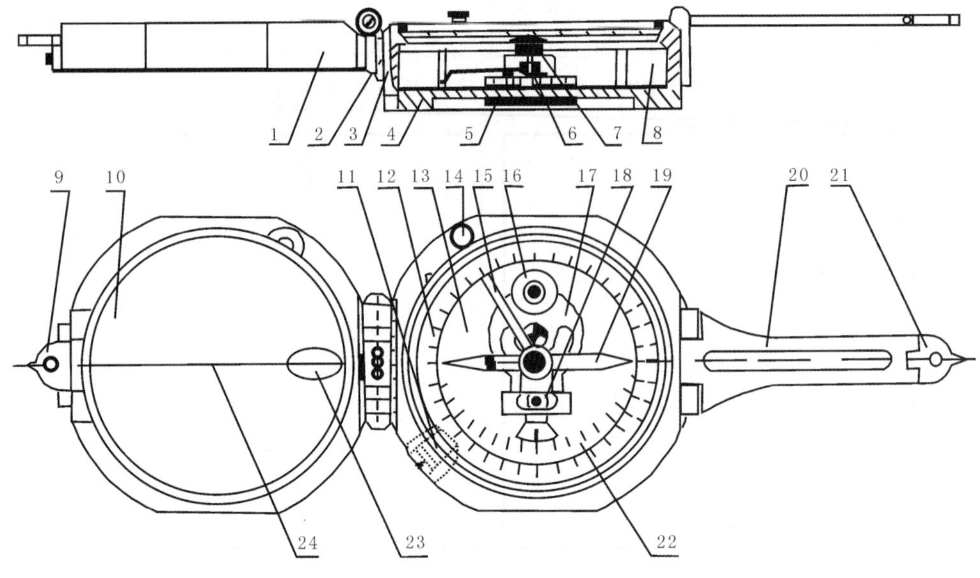

图 4-3 罗盘结构示意图(程捷等,1997)

1. 上盖;2. 联结合页;3. 外壳;4. 底盘;5. 手把;6. 顶针;7. 玛瑙轴承;8. 压圈;9. 小瞄准器;10. 反光镜;11. 磁偏角校正螺丝;12. 圆刻度盘;13. 方向盘;14. 制动螺丝;15. 拔杆;16. 圆水准器;17. 测斜器;18. 长水准器;19. 磁针;20. 长瞄准器;21. 短瞄准器;22. 半圆刻度盘;23. 椭圆孔;24. 中线

长瞄准器和小瞄准器:在测量方位角时用来瞄准所测物体,使被测物体、长瞄准器或小瞄准器和观察者三点在一条直线上。

反光镜、椭圆孔和中线:反光镜起映像作用,椭圆孔和中线用以瞄准被测物和控制罗盘,以控制测量的精度。

圆水准器和长水准器:前者用来保持罗盘水平;后者用来指示测斜器保持铅直位置。

制动螺丝:起固定磁针作用,以保护顶针,减少摩损。

磁偏角矫正螺丝:用来转动刻度盘,校正磁偏角。

2. 罗盘的用途

校正磁偏角:由于地球的磁南北极(或磁子午线)与地理的南北极(或真子午线)不相重合,产生磁子午线与真子午线相交,其交角称该地的磁偏角(图 4-4)。地球表面各地的磁偏角都不一样。我国大部分地区的磁偏角都是向西偏,只有极少数地区(如新疆)是东偏。用罗盘测出的方位角是磁方位角,而地形图采用的是地理坐标,为了能够从罗盘上直接读出地理方位角,在一个地区工作前先要根据地形图提供的磁偏角对罗盘进行校正。磁偏角的校正方法见图 4-4 所示,如果磁偏角向西偏时,用小刀或起子按顺时针方向转动磁偏角校正螺丝,使圆刻度盘向逆时针方向转动磁偏角度数即可。若地形图上提供了子午线收敛角(即图面坐标纵线与真子午线的夹角),则在校正时再加上这个角(图 4-4)。

测量方位角:测量方位角的步骤是:打开罗盘盖;旋松制动螺丝,让磁针自由转动;手握罗盘如图 4-5,并置于胸前,保持罗盘水平;罗盘长瞄准器对准物体;转动反光镜,使物体和长瞄准器都映入反光镜,并从反光镜观察到物体、长瞄准器上的短瞄准器的尖端与反光镜中线重合,此时须稳定姿势等待磁针稳定即可读数;按下制动螺丝,读取方位角数据。

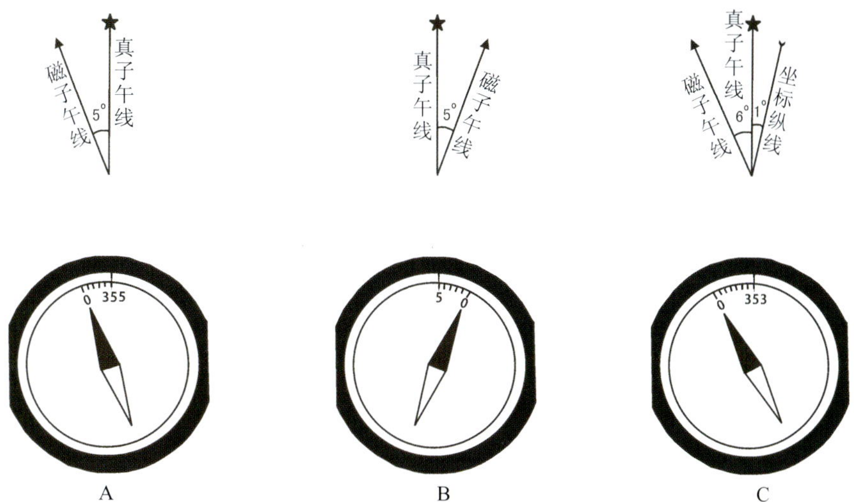

图 4－4　罗盘磁偏角的校正(程捷等,1997)

A. 磁偏角西偏 5°;B. 磁偏角东偏 5°;C. 北戴河的磁偏角

图 4－5　测量方位角(肖劲东摄于 2004 年)

测量岩层产状要素:岩层的产状要素包括走向、倾向和倾角。测量走向时,将罗盘的南北向边与岩层面紧贴如图 4－6,然后慢慢转动罗盘,使圆水准器气泡居中,磁针停止摆动,这时磁针所指度数即为岩层走向。测量倾向时,将罗盘上盖或与上盖靠近底盘的东西向边与岩层面紧贴如图 4－6,然后慢慢转动罗盘,使圆水准器气泡居中,磁针停止摆动,这时磁针所指度数即为岩层倾向。当测量完倾向后马上把罗盘转动 90°放置(图 4－7),使罗盘的长边紧靠岩层面,转动罗盘底盘面的手把,使罗盘水准器(长水准器)气泡居中,这时测斜器上的游标所指的半圆盘上的度数即为倾角度数。由于走向与倾向的度数差为加减 90°,因此在实际操作时只需要测量倾向和倾角即可。若被测岩层的层面凹凸不平时，可以把野簿置于岩层面上当作平均岩层面以提高测量的准确度和代表性。

图 4-6　地层产状要素

A. 地层的走向、倾向和倾角；B. 地层露头（Monroe & Wicander, 2004）

C、D. 利用地层的下层面测量地层的倾向、倾角（肖劲东摄于 2004）

测量地形的坡度：地形的坡度是指地形的起伏面与水平面的夹角。测量坡度的方法是：在测量坡度区段的两端各站一人手握直立张开的罗盘；长瞄准器指向测量者的眼睛（图 4-7），视线从长瞄准器通过反光镜的椭圆小孔，瞄准被测人的头部，并使短瞄准器尖端与椭圆孔中线重合；转动底盘面上的手把，使罗盘水准器（长水准器）气泡居中，这时测斜器上的游标所指的半圆盘上的度数即为地形的角度数。

除此之外，罗盘还可用于草测地形图和制作路线地质图。

三、正确使用放大镜的方法

手持放大镜是野外地质工作必备的工具之一，通常使用的放大镜分为放大 5 倍、放大 5～10 倍和放大 10～20 倍三种类型的放大镜。放大倍数越大的放大镜，镜片的曲面半径愈小，焦距愈短，景深也愈小，只有把放大镜置于非常靠近眼睛的位置才能清晰地看到放大了的现象。因此，必须正确地掌握放大镜的使用方法。通常使用放大镜观察岩石、矿物、生物化石及其结构和构造时，一般左手握需要观察的标本，右手的大拇指和食指夹持住放大镜，右手的中指轻轻地压在被观察物表面上，始终与左手呈不离不弃之势（图 4-8）。同时移动左右手，使放大镜靠近眼睛直至看到放大的现象为止，与此同时可微微弯曲中指，调解放大镜与观察物之间的距离即可得到最佳、稳定和清晰放大后的现象。

图 4-7 坡度测量手握罗盘手法

图 4-8 放大镜使用方法示范(肖劲东摄于 2004 年)

第二节 野外记录簿使用和地质绘图

一、野外地质记录中文字描述

1. 野外记录簿的构成和使用规范

野外记录簿是野外地质工作中规定用来承载原始资料的最重要载体,地质工作人员有责任将观察到的各种地质现象客观、准确、清楚地记录在专用的野外记录簿上。野外记录的质量直接关系到地质工作成果的质量,也直接反映了地质工作人员的科学态度和工作作风。

野外记录簿(简称野簿)是由主管部门专门提供的只作为野外作业时使用的记录簿,由 50 页本和 100 页本两种基本规格。野簿的内封皮是责任栏目,每一本野簿在开始使用前都应按要求明确无误地填写内封皮上的各个栏目,既明确使用人的责任,同时也为查找提供方便。野簿的 1、2 页为目录页,目录页通常可随着野外工作的进展,边记录,边编写目录,也可以在该野簿使用完毕后一次编写。野簿的 3～50 页或 3～100 页为记录页。野簿结尾附有常用三角函数表、常用计算公式和倾角换算表。中国地质大学(武汉)统一制订的野簿记录页划分为文字描述页和方格坐标纸页(图 4-9)。

文字描述页有四个功能区:

页眉区:位于文字描述页上方,专用于记录工作当日地点、日期和天气情况。

左批注栏:位于文字描述页左侧的竖直通栏,常用于编录当日目录或注释。

文字记录栏:位于文字描述页中部,记录描述正文。

右批注栏:位于文字描述页的右侧,专用于补充、修订或更正描述正文之用。

方格坐标纸页的用途主要用于野外绘制各种图件,以便配合和补充文字描述,能更客观地全面反映观察到的地质现象。

野外记录笔通常要求用 2H 型号的铅笔书写,在野外记录过程中,必须先仔细观察后再作记录;做到边观察,边测量,边记录。野外少记或者回到室内后凭印象补记,或者不用规定的铅笔记录都是不符合要求的。野外记录簿在项目工作结束后,应及时上缴档案部门保管,不得涂改、缺页,更不能遗失。

2. 野外编录

地质工作项目涉及的范围大,工作期间长,一个研究项目往往需经一至数年,常有多个工

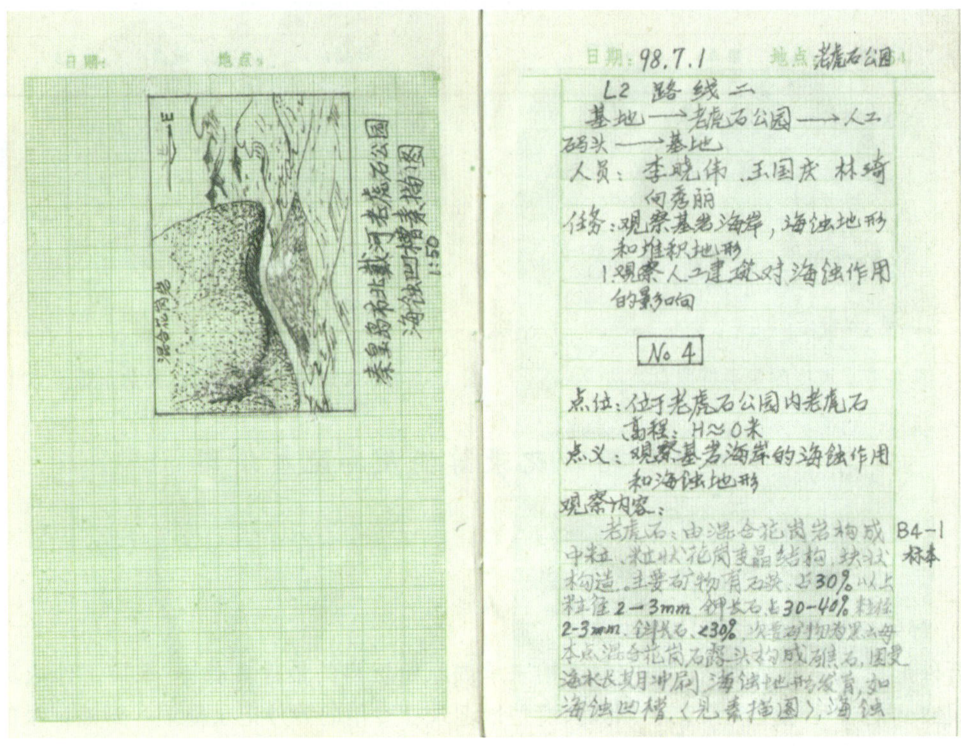

图 4-9　野外记录簿中文字记录页和左边方格纸页的构成(肖劲东摄于 2004 年)

作队合作完成。所以在一个野外地质项目开始之初，首先应当制订完善的野外地质编录规划和野外地质编码分配方案，以保证全部野外地质记录的完整、清晰、有序，避免因事后发现野外原始记录编录的混乱而出现不应有的损失。

在野外地质工作中，需要进行统一编录的类别很多，比较常用的类别有野外作业种类编录(如路线、地质点、剖面……)，采集标本类(如化石、岩石、矿物……)，分析样品类(如岩石薄片样、光片样、化学分析样、重砂样……)。在野外地质工作过程中，因新的工作内容需起用新的编录号时，应及时通知各工作队和全体技术人员，不得擅自起用新的编录类别及序号。

目前野外地质工作还没有统一的野外地质编录规范，但部分野外作业的编录方式在地质行业中已经成为了一种约定俗成的习惯。例如，编码代号一般为编码名称的首字的汉语拼音第一个字母的大写，或该编码名称的英文单词的第一个字符的大写，以阿拉伯数字或罗马字的大写数字为序号。若两个编码代号的首字为相同拼音字母时，则应将编码名称的首字的汉语拼音的第二个字母的小写字符附加在大写字符之后。例如，地质点的编码代号可为“D”或“NO”等，地质剖面的编码代号规定可为“P”，化学分析样的编码代号可为“H”，重砂分析样的编码代号可为“Zh”。

如下为常用的编码代号和简介：

编码类别	编码代号	注释
路线	L2	第二条观察路线
地质点	D 015	第十五个地质点
	NO. 015	同上

地质剖面	PⅡ	第二号地质剖面
化石	H－PⅡ－1－3	第二号地质剖面第一层第三块化石标本
	F－PⅡ－1－3	同上
矿物	K－PⅡ－1	第二号地质剖面第一层矿物标本
岩石	Y－PⅡ－1	第二号地质剖面第一层岩石标本
	R－PⅡ－1	同上
岩石薄片	B－PⅡ－1	第二号地质剖面第一层岩石薄片鉴定样
化学分析样	H－PⅡ－1	第二号地质剖面第一层化学分析样
重砂分析样	Zh－PⅡ－1	第二号地质剖面第一层重砂分析样

……

综上所述，制订统一的野外编码及序号，并把它分配到个人或工作队(作业组)是野外地质工作前期准备工作的重要环节之一。野外作业期间对野外编码的使用还需要严格管理，有序使用。轻视或忽略地质编码规则的野外地质作业都可能导致地质记录的混乱，致使大量原始记录被迫废弃，结果造成野外地质工作人力、物力、财力和时间的损失。

3. 文字记录格式

野簿上的文字记录的是野外地质工作记录的原始资料，它不仅是本期地质工作使用者本人要经常查阅的基础资料，同时也是地质工作一切结论的最原始的证据。因此野外地质记录即使在野外工作结束乃至在野簿归档以后还会持续提供他人审阅或查对。因此，野簿的记录一定要遵循一定的格式，使之规范化。现将常用的野外记录格式简要介绍如下(图4－9)。

文字记录的开启部分：

(1)每天的野外作业开始前应在当日记录的首页页眉区填写当日的日期、天气及作业地点。

(2)在文字描述区第一行依次写明路线号、路线编码号、路线或剖面名称。

(3)另起一行写明路线或剖面经过的主要地点，注意在这里所列举的地点一般应当是在地形图上已经被标出地名的地点。

(4)另起一行写明参与当日工作的技术人员，明确责任。

(5)另起一行记录当日野外作业的任务。

定点描述内容：观察点是野外进行详细观察的地点。通常选择在重要地质界线的出露点，如地层、构造、地貌等界线的出露点。利用地形、地物或后方交会法在地形图上确定地质点的位置，并用直径2mm的小圆圈清晰地标注在地形图上，同时将地质点序号标注在小圆圈旁边。完成以上工作程序后即可进行以下文字描述操作。

(1)地质点编号：另起一行在行内居中画一个长方形框，在框内记录地质点号。

(2)点位：另起一行简述确定该地质点的依据。

(3)点义：另起一行简述定点观察的地质意义。

(4)观察内容：另起一行首先将沿途所观察到的各种地质现象及其变化特征客观、准确、清楚地记录在野簿上，然后再记录本点所见各种地质现象。

各类数据记录格式：野簿记录规定各类实测的产状数据和野外发现的生物化石名称都必须另起一行单独记录。采集的各类标本的编号可单独记录一行，也可标注在右侧的批注栏内。

补充与修正：野外地质记录在离开记录的地质点后，记录正文是不能涂改的。如若在后来的室内研究中有新的资料需要对野外记录给予补充或修正时，补充或修正的内容可批注在左侧或右侧的批注栏中。

二、地质素描图及绘图技巧

野外地质现象具有鲜明的个性，复杂的地质作用使得我们在野外几乎找不到两个几何形状完全一致的野外地质现象。正因为如此，我们才能感觉到地质工作的无穷魅力和永无止境的探索欲望。地质现象的几何形状是不可能通过“文字描述—阅读—理解—重新绘制”这样简单的程序克隆出来的，它只能通过实地照相或绘画的方式才能记录下来。因此在野外地质作业时，为了清晰、形象地把观察到的地质现象表示出来，常常采用照相或绘制各种图件来补充描述。野外绘制的图件，因为受到条件的限制，通常是用铅笔绘制再现地质现象的图像，它们被称为“地质素描图”。

地质素描图与照片有明显的区别，照片反映地质现象的优越性在于真实，但照片无法实现地质现象主体图形的有效提取。地质素描图与照片不同，它可以通过使用一些特定的符号和代号实现有效地质信息的提取。所以地质素描图较之照片能够起到简洁、直观、明了、形象地描述地质现象的作用，是照片所不能替代的。地质素描图的种类有很多，比较常用的种类有：景观素描图、断面素描图、结构或构造示意图、平面示意图和信手地质剖面图等。无论何种素描图，它们都必须具备以下内容：图名、比例尺、方位、图例和绘制地质内容的图形五部分。要求图面内容正确、结构合理、线条均匀清晰、整洁美观。地质素描图的图面结构布局比较灵活，应以主题突出、结构合理美观为主，不必拘泥于一种固定的格式。现将作图的基本技巧简介如下：

1. 绘图步骤

取景：取景的作用是协助提取地质现象，引导正确的布局。对于初学者，取景还可以帮助初学者正确地把地质现象变化的要点投影到坐标方格纸上。野外作业随身携带可以作为取景器的工具很多，如直尺、卷尺、铅笔、地质锤和手都可以方便地用来做取景器。图 4-10 是用铅笔和手做取景器的示范。

A

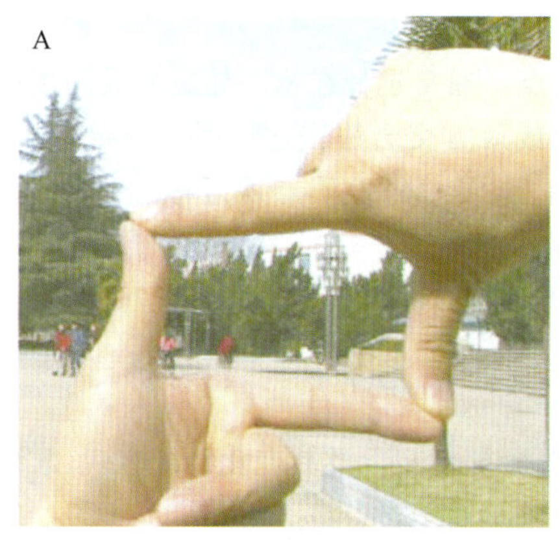

B

图 4-10 手指取景框(A)和铅笔取景法(B)(肖劲东摄于 2004 年)

测量方位：用罗盘的长边平行于所绘画面的主体地质现象或地貌的延伸方向即可量出素描图的方位。

绘图：地质素描图应绘制在野簿坐标方格纸页上。绘图之前应根据绘制地质现象的复杂程度确定图面的大小，一般原则是在清楚、美观地表达全部地质内容的前提下尽可能地确定一个相对小的图面范围比较合适。初学者可能比较难以掌握，但只要多练习就会熟能生巧。地质素描图可以是有框素描图，也可以是无框素描图，也可以是半框素描图，采取何种形式以绘制人的审美情趣而定，并无定式。为了能够简便易行地获取一份素描图，建议采用如下程序：

(1)根据取景把地质现象变化的要点投影到坐标方格纸上；

(2)连接相关要点勾绘图形轮廓；

(3)重点表示需要突出的地质现象的点或线；

(4)填绘特定的符号和代号。

(5)图面修饰，使素描图更清晰美观；

(6)估算比例尺、标出方位、图名、图例和地物名称。

选择合适的位置书写图名和绘制图例：一个完整的图名应冠以素描图所在地的县/市、乡/镇、行政村和地形地物名称，便于他人查对和使用。

估算比例尺：地质素描图通常不能在事先确定比例尺的情况下绘制，它的比例尺是在素描图绘制完成后根据图面大小与露头的实际大小估算出来的。估算的方法大致有两种：第一种方法适用于可以用尺子直接度量的小型露头，可根据丈量所绘现象某部位的长度与图形中相应部位所占坐标方格纸的多少，直接换算出素描图的比例尺；第二种方法适用于不可能直接迅速丈量的大型地质现象出露区，其方法是首先在地形图上将所绘素描图的位置，用直尺根据方位截取所绘现象某部位的长度，按照地形图的比例尺换算出实际长度，再与素描图中相应部位所占坐标方格纸的多少比较换算出素描图的比例尺。

2. 地质素描图类型

断面素描图：断面素描图是以特定的符号和代号为主要构件的一种相对简约的地质素描图。这类图件比较适合于绘图基础相对较弱的作画者。制作这类图件的原则是把所要表达的地质现象水平投影到平行于素描图方位的理想铅垂面上。制作时只要把相邻地质体的界线勾绘清晰，充填上特定的符号和代号，估算出比例尺，标出方位、图名、图例和地物名称即可完成。断面素描图简洁明了、重点突出、无干扰因素且简便易行，在地质素描绘画中，是应用最广泛的一类(图 4-11)。

景观素描图：以铅笔线条为主要表现手法画出相邻地质体的三度空间关系的地质素描图称为景观素描图。景观素描图具有明显的立体感，与绘画的地质体有较好的镜像关系，便于识别，比较适用于宏观地质现象的素描图制作。绘制景观素描图的难度明显大于断面素描图，需要由简入繁，循序渐进，只要多加练习就能取得理想的效果。图 4-12 是四川省××县××乡鲜水河河漫滩与河谷的景观素描图。

平面示意图：平面示意图是把地质现象垂直投影到水平面而绘制的素描图。平面示意图旨在表示地质内容的相对位置关系，图 4-13 是秦皇岛市北戴河老虎石连岛沙坝平面示意图。平面示意图的做法比较简单，首先，按需要表达的地质内容选取绘图范围，根据要表达的地质内容的复杂程度确定图面的相对大小，用取景方法正确地把地质现象变化的要点投影到坐标方格纸上；然后，连接相关接点勾绘地质界线，填绘特定的符号和代号或注释，估算比例尺，标

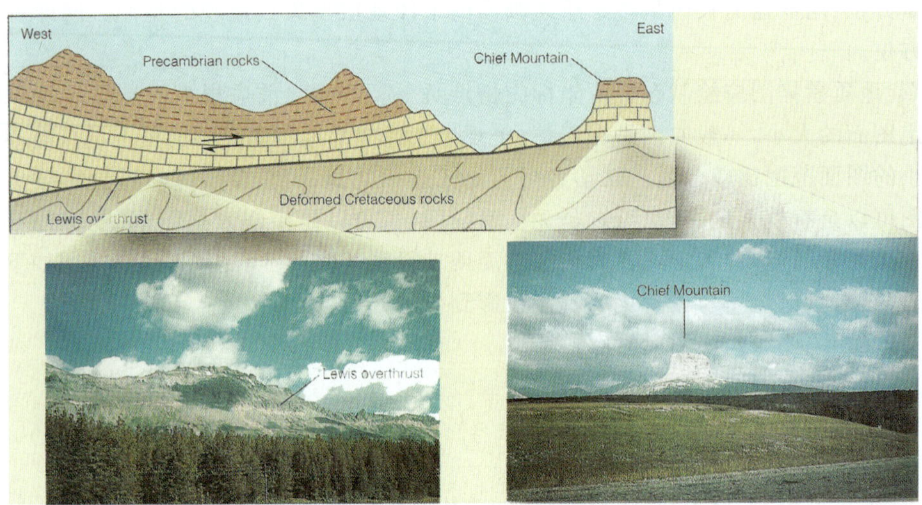

图 4-11 鸟瞰 Glacier 国家公园 Chief Mountain 逆掩断裂和飞来峰构造及其断面素描图
（据 Monroe & Wicander，2004）

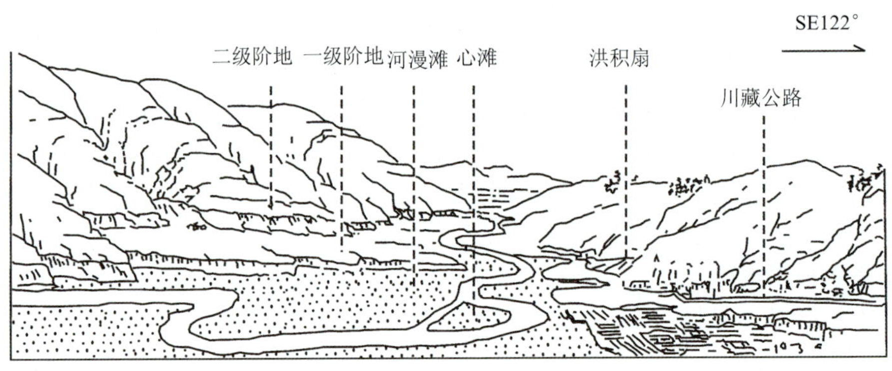

图 4-12 四川省××县××乡鲜水河河漫滩与河谷的景观素描图（据李尚宽，1982）

出方位、图名、图例和地物名称。

信手地质剖面图：信手地质剖面图是把路线地质观察所收集到的地层、构造及地层接触关系等地质现象实事求是地反映在地形剖面图上构成的图件。由于剖面图上表达地质内容的相对距离根据目估、步测或图切度量的方法获取，而非实地测量数据，故称为信手剖面图。信手地质剖面图中的地质内容则必须真实可靠，可以适度地简化复杂的地质现象，突出主体内容，删除次要信息，使图面地质内容更清晰明确。但不可虚构，更不能画蛇添足。

信手地质剖面图的制作步骤如下：

（1）在地形图上读出预定的地质路线，按照设定的比例尺在野外记录簿方格纸页上作出图切地形剖面，作为野外观察和修正的基础图形。

（2）根据沿途观察及步测或目测，按比例尺标出地层界线、断层和重要地质界线的分界点。根据剖面图方位和产状用量角器画出地层、断层和其他必须表示的地质界线，界线长一般为1.5～2.0cm。

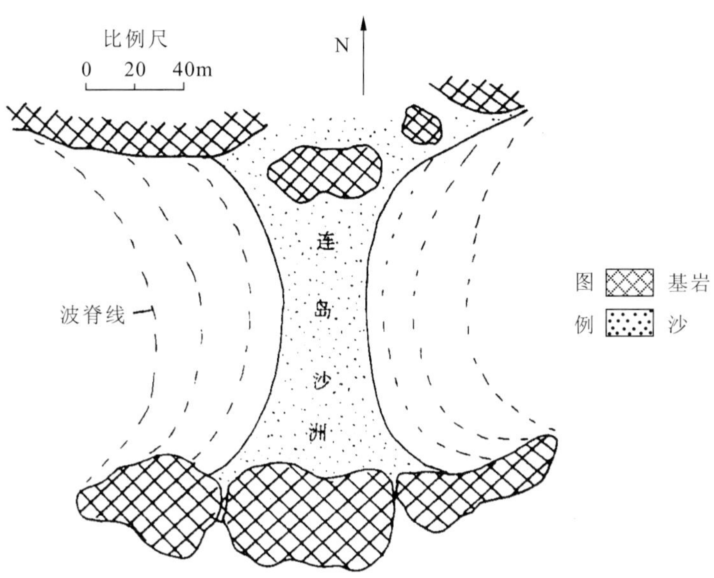

图 4-13　秦皇岛市北戴河老虎石连岛沙坝平面示意图(原武汉地质学院普地教研室,1985)

(3)平行地层界线填绘地层的岩性花纹(长度一般为 1～1.5cm)、岩层序号和地层代号。

(4)将测量的产状和采集的标本标注在剖面图上,其位置分别与测量或采集地点相对应。

(5)标注比例尺、剖面图方位、图名、图例和地物名称。

图 4-14 是××市××镇王庄—凤凰岭地质信手剖面图。

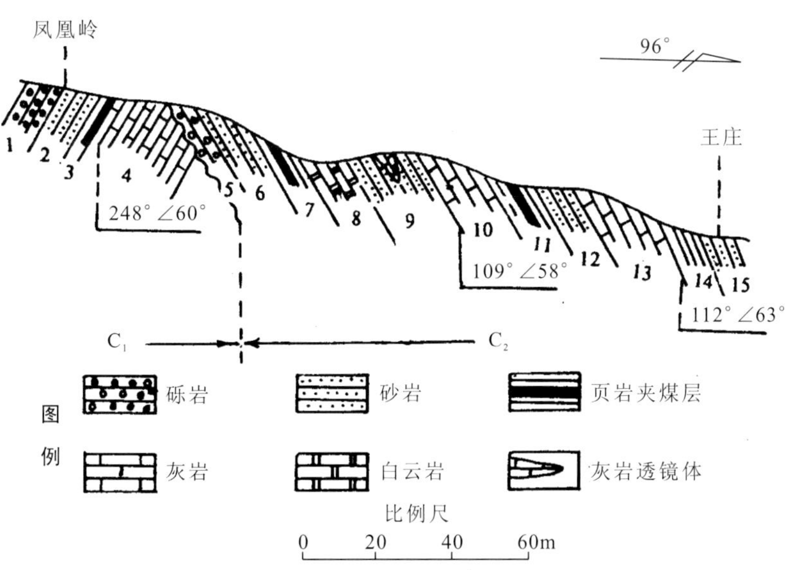

图 4-14　××市××镇王庄—凤凰岭地质信手剖面图(杨丙中等,1984)

三、室内整理

野外收集的原始记录在回到基地以后应当及时进行室内整理。室内整理的任务是补充因为天气的突然变化没有来得及记录的部分内容，查找是否有漏记、错记，及时补充或修正。值得注意的是，室内整理时补充、修正的记录只能记在左侧或右侧的批注栏内，并注明“补充”或“修正”等字，避免与描述正文混淆。室内整理的另一项工作就是要把野簿上记录的产状、标本、岩层厚度等数据类的记录和地质素描图全部上墨。上墨的方法是用绘图笔沾绘图墨水（或碳素墨水笔、黑色签字笔等）按野外的铅笔线条逐一填写或勾绘，以便永久地保存。

第三节　地质标本采集

1. 地质标本采集目的和意义

地质工作分野外调查和室内研究两大部分。野外广阔的岩石露头给我们展示了丰富的地质现象。然而，很多地质现象需要进行进一步的室内研究，才能更深入地弄清地质过程的实质。为此，野外标本的采集成为连接野外调查和室内研究中极为重要的一个中间环节。能否采集到新鲜的具有代表性的标本是下一步室内研究能否取得准确结果的重要前提条件。特别是在地球化学研究中，有时不同的人往往会对同一层位、同一类型的岩石研究得出差别很大的测试结果。究其原因，除了仪器等测试误差外，标本新鲜度和代表性上的差异往往是造成测试结果差异的主要原因。

野外工作期间，由于受到时间、条件和野外作业人员知识水平的限制，尚有许多地质现象是在野外用肉眼观察不到的；或者是受知识能力的局限还需室内深入研究的现象；或者是在野外发现的、重要的、经典的或珍贵的地质现象和地质作用的产物（如奇异的岩石、绚丽的晶体、保存完整的古生物化石等）都应尽可能采集成标本，供室内分析鉴定或公开展示。

2. 标本种类和合适样本的选择

地质标本种类多样，按研究目的的不同可分为观赏性标本和鉴定分析性标本。观赏性标本的目的是展示肉眼可见的代表性岩石、矿物、化石及构造等地质现象。鉴定分析性标本的目的是为了室内的进一步研究、鉴定或分析测试。

野外标本采集有两个原则：

（1）用于室内鉴定分析用标本，则强调采集标本的代表性，并一定要是从新鲜的、未风化的地质体上敲打下来的；有特殊要求的除外。

（2）对于在野外发现的、重要的、经典的或珍贵的地质现象和地质作用的产物作标本，采集作业时则要求其完整性。

由于研究目的的不同，标本的选择和要求也有所不同。观赏性标本的选择一般容易把握，只要把最具观赏性的部分采下来即可；而鉴定分析性标本的采集则需要作一定的分析和取舍。

用作鉴定的化石标本的选择较简单，一般选择尽可能完整的标本即可，但需要注意的是，化石标本尽可能多采。因为单一化石有时在确定地层年代时精度不够，更多的化石种类为确定地层时代提供了多方面的参考。另外，多门类化石也有利于地层的古生态研究。

岩石薄片标本的选择要注意两个方面：一是新鲜度，二是代表性。岩石表面遭受风化的程度往往较深，很多矿物和结构构造都遭受不同程度的变化，因此要尽量避开。另外，同一层位岩石或同一岩体在不同部位其矿物组成和结构构造上多少存在一些差异。因此必须选择最能代表岩石整体特征的部位采样。

分析测试样品主要用于地球化学分析，其要求更高。用于化学分析的样品一般包括岩浆岩、变质岩、化学或生物化学成因的沉积岩，如碳酸盐岩、磷质岩、硅质岩、深海黏土等。除特殊情况外，一般机械沉积的碎屑岩不适合做地球化学的分析。有些化学或生物化学成因的沉积岩（如碳酸盐岩）除考虑风化影响外，还要注意后期成岩作用对岩石成分和结构的改造。所以选择碳酸盐岩标本时一定要仔细观察分析。一般情况下，如果要分析碳酸盐岩的原始沉积物的地球化学组成，除选择新鲜样品外，还应尽量避开后期的方解石晶洞和方解石脉。

一般地，野外地质工作区内出露的所有岩性都应采集岩性标本，以便在室内进一步观察、分析、定名等。

3. 野外采集地质标本的基本方法

一般标本采集使用地质锤，有些情况下则必须借助于钢钎，甚至便携式切割机。标本的采集一定要选择合适的打击面，否则不但打不下标本，还容易使标本遭受破坏。另外，无论是观赏性标本，还是鉴定分析性标本，采集前均应对其产出状态、产出层位进行野外描述和记录。必要时进行照相或素描，以免采集过程中因遭到破坏而使有些现象无法恢复。

一般岩石标本采集没有特殊的讲究，只要能采下来即可。化石标本采集时有所不同，应尽可能地沿层理面用力敲打和剥离。因为古代生物死亡后一般沿层理面保存，尤其是地层顶、底面位置往往是化石保存最多的地方，需特别注意。

4. 标本规格、原始数据记录、标本包装和运输

标本的规格也因研究目的的不同而不同。观赏性标本因观察现象规模大小不同，其规格可相差很大。化石标本也没有确定的规格，以尽可能完整为原则，但也最好附带一些围岩。岩石薄片标本的传统规格为 3cm 高×6cm 宽×9cm 长。尽管在实际采集时这种规格不易把握，但应注意所采的标本形态应尽量接近小的长方体。长方体的厚度一般要 3cm 以上，这样在室内容易切片。其他标本也均应有一定的厚度，不能太薄，否则在搬运途中很容易破碎而前功尽弃。

在测量制作地层剖面时，规范要求按野外地层分层进行逐层采集。采集的标本应当即按规定的编码和分配序号进行现场编号，并用记号笔将编号写在标本上，或先在标本上贴上 1cm 宽的胶布条，再用圆珠笔把编号写在胶布条上。野薄上另起一行或在右侧批注栏相应部位登记标本编号，填写样品采集单（标签）（图 4 - 15）。

标本采集好后，应用记号笔对其编号。编号常常按地名拼音的首字母开头，后跟标本顺序号。也有人用日期后跟标本顺序号来编号。不管哪一种编号方式，标本上的编号均应在野簿上作相应的记录。标本的包装应以保证标本完好无损为前提，包装纸应当采用具有韧性和柔软的绵纸。包装时应先把样品采集单折叠成小条，用包装纸卷 1～2 层，然后再包住标本，让标本和标本采集单子伴随一起。

标本采回后，在基地还需要进行室内整理，整理内容包括在标本的右上角涂上油漆，协商编号；进行标本登记，内容为岩石名称、用途、采集地点、所属时代、采集时间、采集人等。完成上述工作后即可再次包装分类装箱运输。装箱最好用木箱，若用纸箱，则每箱标本不宜太重，以免箱子散架。装箱时要使每箱标本均匀填实，尽量减少空隙，以免晃动磨损。

中国地质大学(武汉)

号　码	PⅡ-3-1　　登记号数　008
名　称	中细粒岩屑砂岩
时　代	C_2
产　地	秦皇岛市石门寨四方台
采集人	张三　　日期　2009.7.28
备　注	

图 4-15　样品采集单样式之一(江海水设计,2011)

第四节　常见岩石和矿物的野外鉴定方法

1. 常见岩石野外鉴定方法

自然界出露的岩石按其成因可分三大岩类:沉积岩、岩浆岩和变质岩,它们是组成地壳的主要岩石类型,是各种地质作用发生的物质基础。每一大类岩石可进一步细分为不同的岩石类型,具有不同岩石名称(表 4-1)。如何在野外正确地识别这些常见的岩石类型是每一位地质工作者必备的基本技能,也是北戴河地质认识实习所要达到的基本教学要求之一。

表 4-1　实习区常见的岩石类型

沉积岩		岩浆岩		变质岩	
碎屑沉积岩	砾岩 砂岩 泥岩 页岩	喷出岩	玄武岩 安山岩 流纹岩	区域变质岩	板岩 千枚岩 片岩 片麻岩
化学沉积岩	灰岩 白云岩 硅质岩	浅成岩	辉绿岩 安山玢岩 花岗斑岩	接触变质岩	大理岩 角岩
生物沉积岩	生物碎屑岩 礁灰岩	深成岩	橄榄岩 辉长岩 闪长岩 花岗岩	动力变质岩	断层角砾岩 碎裂岩 糜棱岩

野外鉴定岩石的基本方法大致分三个步骤进行:

(1)首先观察岩石的露头特征和构造面貌,初步判断岩石的大类(沉积岩,或岩浆岩,或变质岩)。

(2)其次根据岩石的结构面貌和主要矿物组成,基本确定岩石的类型(三大岩类的细分)。

(3)最后根据岩石的产状和接触关系,确证岩石的最后定名。命名原则通常遵循颜色、厚度、特殊的结构构造、岩石类型的顺序依次确定,例如青灰色厚层竹叶状灰岩,或者肉红色块状斑状正长岩等。

2. 实习区常见的矿物

野外鉴别矿物是每一位地质工作者必备的基本技能。如何用肉眼快速鉴别矿物是衡量你是否熟练掌握基本地质工作技能的重要指标。

一般地,肉眼观察和鉴别矿物时,可借助小刀、放大镜和盐酸等基本工具。首先判别矿物所在岩石的大类:沉积岩、岩浆岩和变质岩。

沉积岩中常见碳酸盐类矿物(方解石、白云石等)、石英、长石和高岭土、褐铁矿、云母等,一些岩屑实际上也由这些矿物组成。一般碳酸盐类矿物可用稀盐酸鉴别。石英具有突出的油脂光泽。长石具有解理。

岩浆岩中可见大多数造岩矿物,如橄榄石、辉石、角闪石、黑云母、斜长石、正长石和石英等,可充分利用其颜色、解理、硬度和光泽等性质,区别上述矿物。其中斜长石和正长石通常以颜色相区别,前者可见聚片双晶,后者发育卡氏双晶。

变质岩中出现一些特殊变质矿物,除常见造岩矿物之外,可见红柱石、矽线石、蓝晶石、石榴子石、透闪石、透辉石和十字石等。借助小刀、放大镜和盐酸等,可初步鉴别上述矿物。

野外鉴别矿物是一件非常重要的基本技能,需要长期观察、训练和总结。建议学生在野外逐渐养成多观察、多鉴定和多思考的习惯,只有通过不断磨练,才能不断提高,日趋完善。

北戴河地质认识实践教学路线中可能遇到的常见矿物的主要鉴别特征如下:

石英 Quartz (Qz)

三方晶系。晶体常为六方柱、菱面体,有时呈三方双锥、三方偏方面体,柱面常见生长横纹。显晶质集合体多为晶簇、粒状和致密块状。隐晶质或玻璃质集合体常呈壳状、球状或结核状。呈晶洞状同心圈状或成层分布者常被称为玛瑙。颜色以白色为主,因杂质不同可呈紫色、烟灰色、黑色、粉红色和黄色等。玻璃光泽,无解理,断口突显油脂光泽,硬度大于小刀(摩氏硬度 7)。

斜长石 Plagioclase (Pl)

斜长石是一组类质同象系列矿物的总称,由钠长石端元($NaAlSi_3O_8$)和钙长石端元($CaAl_2Si_2O_8$)组成一组连续系列矿物。单体多为板状和板柱状,常见聚片双晶。白色和灰白色为主,少数呈红色。晶体常呈环带状产出。玻璃光泽。解理发育。硬度大于小刀。

正长石 Orthoclase (Or)

正长石是一组由钠长石端元($NaAlSi_3O_8$)和钾长石端元($KAlSi_3O_8$)组成的不连续系列矿物总称。晶体多呈短柱状或厚板状,发育卡氏双晶或接触双晶。集合体多为粒状或块状。肉红色为主,可见淡黄色、灰白色。晶体可呈环带状产出。玻璃光泽。硬度大于小刀。

方解石 Calcite (Cc)

三方晶系。晶体常呈菱面体、复三方偏三角面体、六方柱和平行双面。可见聚片双晶和接触双晶。集合体呈晶簇、粒状、致密块状、结核状和土状等。白色为主,可见浅黄、紫、浅红和褐色等。无色透明者称为冰洲石,是重要的光学设备材料。解理发育完全。硬度小于小刀(摩氏硬度 3)。滴稀盐酸起泡。

白云石 Dolomite (Dol)

三方晶系。晶体常呈菱面体,聚片双晶发育。集合体多呈粒状和致密块状。白色为主,可见灰色、褐灰色等。玻璃光泽。解理发育。硬度小于小刀。遇稀盐酸起泡较慢。

高岭土 Kaolinite (Ka)

广泛分布于我国江西景德镇的高岭山而得名,是陶瓷的必备原料。三斜晶系。晶体极细小。集合体常呈土状或块状。白色为主,可见淡红、蓝色、绿色。土状光泽、蜡状光泽。硬度小于小刀(摩氏硬度 1)。易变形,可搓成粉末。干燥时有吸水性(粘舌头),湿润时具可塑性,但不膨胀。

蛭石 Vermculite (Ve)

成分多变,多由黑云母风化而来。片状、鳞片状或土状。黑色、褐色和褐黄色。外形似黑云母,光泽弱。硬度小,有解理。薄片具弹性,灼热下显著膨胀成蚂蝗状(手风琴)弯曲柱。相对密度小,可浮于水面上。

铝土矿

是铝的氢氧化物与含水氧化铁、二氧化硅等其他矿物构成的细分散混合物。呈鲕状、豆状、肾状和块状等集合体产出。灰白色、褐灰色、黑灰色等,可见红褐色斑点。淡灰色、灰色条痕。非金属光泽。硬度变化大(2.5～7),相对密度中等(2.35～3.5)。呵气后有强烈土臭气味。手感粗糙,无可塑性。

橄榄石 Olivine (Ol)

斜方晶系。晶体呈柱状或厚板状,性脆易碎。集合体多呈粒状。颜色以橄榄绿色为主,可见白色、淡黄色和淡绿色。玻璃光泽。解理不很发育,常见贝壳状断口。硬度大于小刀。易被风化蚀变。

辉石

包括斜方辉石(顽火辉石、铁辉石系列)和单斜辉石(透辉石、钙铁辉石系列)两个亚类,属于单链状结构硅酸盐。常见的普通辉石(Augite,Au)为单斜晶系,短柱状,横截面正方形或正八边形。集合体呈粒状、柱状、放射状和致密块状。灰绿色为主,可见白色、浅灰绿色和墨绿色。白色条痕。玻璃光泽。二组解理发育,呈直角相交。硬度略大于小刀。

角闪石

包括斜方角闪石和单斜角闪石两个亚属。常见普通角闪石(单斜角闪石亚族,Hornblende,Ho)晶体呈长柱状,横断面呈假六边形。集合体多呈细柱状、针状或纤维状。深绿色至墨绿色。白色或无色条痕。玻璃光泽。二组解理发育,交角近 60°或 120°。硬度与小刀相近。

云母

据颜色常见黑云母(Biotite,Bi)和白云母(Muscovite,Ms)两种类型。单斜晶系。晶体呈片状、板状或鳞片状集合体产出。易用小刀剥落,具弹性。玻璃光泽,解理很发育。解理面呈现强珍珠光泽,常有压线纹。硬度与指甲相当(摩氏硬度 2～3)。细小的鳞片状白云母也被称为绢云母。黑云母风化后变成蛭石(火烧剧烈膨胀),最终风化成高岭土和褐铁矿。

绿泥石 Chlorite (Chl)

是绿泥石族矿物的总称。分为富镁的正绿泥石矿物组合和富铁的鳞绿泥石矿物组合两个亚类。单斜晶系。晶体呈假六方片状或板状晶体,很少自然产出。集合体常呈鳞片状。绿色,玻璃光泽，解理发育。硬度小于指甲。

黄铁矿　Pyrite (Py)

等轴晶系。常见完好单晶，多呈立方体、五角十二面体及八面体。晶面上可见生长纹。集合体多呈致密块状、分散粒状和球状结核。浅铜黄色，表面黄褐色。条痕绿黑色或褐黑色。强金属光泽。不透明，无解理，性脆易碎。硬度大于小刀。

赤铁矿　Hematite (He)

单晶少见，个别片状晶形者称为镜铁矿。集合体常呈块状、鲕状、豆状及粉末状。赤红色，樱红色条痕。半金属光泽，土状光泽。硬度与小刀相近。无解理。相对密度大，无磁性。

褐铁矿

含水氢氧化铁胶凝体、硅氢氧化物和泥质等的混合物。常呈肾状、钟乳状、土块状和粉末状等。颜色多变，黄褐色、深褐色、褐黑色等，条痕为鲜艳樱红色。半金属光泽，土状光泽。硬度小于小刀。相对密度中等。

磁铁矿　Magnetite (Mt)

等轴晶系。单晶常呈八面体，少数菱形十二面体。集合体常见粒状、致密块状等。铁黑色，条痕黑色。半金属光泽。硬度大于小刀。无解理，性脆易碎。具强磁性。相对密度大。

参考文献

龚一鸣，张立军，吴义布. 秦皇岛市石炭纪粪化石[J]. 中国科学(D)，2009，39(10)：1421～1428

河北省地质矿产局. 河北省北京市天津市区域地质志[M]. 北京：地质出版社，1989

河北省地质矿产局区域地质调查大队. 1：5 万山海关幅区域地质调查报告及其地质图[R]. 1987

李尚宽. 素描地质学[M]. 北京：地质出版社，1982

林建平，赵国春，程捷等. 北戴河地质认识实习指导书[M]. 北京：地质出版社，2005

穆克敏，林景仟，邹祖荣. 华北地台区花岗质岩石的成因[M]. 长春：吉林科学技术出版社，1989

王家生. 北戴河地质认识实习指导书(教师版)[M]. 武汉：中国地质大学出版社，2004

王家生，谢树成，龚一鸣. "普通地质学"野外和室内实践教学改革与体会[J]. 中国地质教育，2009，(2)：79～82

王家生，龚一鸣，顾松竹，何卫红. 地质实践教学成绩的评定方法改革和完善——以 2010 年北戴河地质认识实习为例[J]. 中国地质教育，2010，(4)：89～92

王家生，杨坤光，尹翠芬等. 北戴河地质认识实习教学理念和改革实践[J]. 中国地质大学学报(社会科学版)，2008，(5)：39～41

王珍茹，杨式溥，李福新等. 青岛、北戴河现代潮间带底内动物及其遗迹[M]. 武汉：中国地质大学出版社，1988

谢树成，王家生，黄定华等. 快乐地质与低年级北戴河地质认识实习[J]. 中国地质大学学报(社会科学版)，2008，(5)：42～45

肖军，朱蓓，王家生等. "快乐地质"教学——以北戴河实习为例[J]. 中国地质教育，2007，(1)：43～46

杨丙中，李良芳，徐开志等. 石门寨地质及教学实习指导书[M]. 长春：吉林大学出版社，1984

赵温霞. 周口店地区地质及野外地质工作方法与高新技术应用[M]. 武汉：中国地质大学出版社，2003

中国地质大学(北京). 1：25 万青龙县幅区域地质调查报告及其地质图[R]. 2003

James S. Monroe & Reed Wicander. Physical geology: exploring the Earth[M]. Belmont, Brooks/Cole. 2004

常用地质图例

1 松散堆积物

砾石

砂砾石

角砾

砂

黄土

红土

黏土

淤泥

碳质黏土

腐植土层

半风化层

钙质黏土

2 沉积岩

角砾岩

砾岩

砂砾岩

含砾砂岩

粗砂岩

细砂岩

粉砂岩

石英砂岩

长石砂岩

长石石英砂岩

复成分砂岩

海绿石砂岩

泥质砂岩

泥质粉砂岩

钙质砂岩

铁质砂岩

砂质泥岩

页岩

砂质页岩

钙质页岩

碳质页岩

铁质页岩

铝质页岩

硅质页岩

黏土岩（泥岩）

灰岩

砂质灰岩

泥质灰岩

硅质灰岩

白云质灰岩

碳质灰岩

结晶灰岩

生物碎屑灰岩

结核灰岩

含燧石结核灰岩

条带状灰岩

碎屑灰岩

竹叶状灰岩

鲕状灰岩

泥灰岩

砂质泥灰岩

白云岩

泥质白云岩

硅质岩

煤层

交错层砂岩

3 岩浆岩

橄榄岩

辉石橄榄岩

辉石岩

角闪岩

斜长岩

辉长岩

玢岩

辉绿岩

闪长岩

角闪闪长岩

花岗闪长岩

闪长玢岩

花岗闪长斑岩

花岗斑岩

花岗岩

二长岩

正长岩

斑状正长岩

正长斑岩

煌斑岩

玄武岩

杏仁状玄武岩

安山玄武岩

安山岩

辉石安山岩

角闪安山岩

斜长安山岩

英安岩

流纹岩

集块岩

火山角砾岩

凝灰岩

4 变质岩

千枚岩

板岩

片岩

片麻岩

石英岩

角岩

大理岩

碎裂岩

糜棱岩

混合岩

混合花岗岩

5 地质构造

整合岩层界线

平行不整合界线

角度不整合界线（平面）

角度不整合界线（剖面）

推测岩层界线

地层产状（走向、倾向、倾角）

倒转地层产状（箭头指向倒转后的倾向）

正断层

逆断层

平移断层

性质不明断层

推测性质不明断层

背斜

向斜

剖面方向

6 地物标志

建筑物

泉

温泉

水面

水库

铁路